U0607188

国家级一流本科专业建设成果教材

普 通 高 等 教 育 研 究 生 教 材

智能优化算法
及其Matlab案例

张国辉　余娜娜　郭胜会　编著

化 学 工 业 出 版 社

·北 京·

内 容 简 介

《智能优化算法及其 Matlab 案例》是对智能优化算法及其实际应用的研究成果的系统总结。智能优化算法是一类模拟生物进化、群体行为或物理法则等自然现象或过程的计算方法，用于解决组合优化、函数优化、大空间等复杂的优化问题，得到了国内外学者的广泛关注。本书共有 8 章，第 1 章介绍了智能优化算法的概念、特点、分类以及最优化问题的含义、分类等；第 2 章到第 7 章分别介绍了遗传算法、模拟退火算法、禁忌搜索算法、蚁群优化算法、粒子群优化算法、帝国竞争算法等 6 种经典智能优化算法的理论基础、算法流程及 Matlab 案例应用；第 8 章介绍了多目标进化优化算法的理论基础、算法框架及 Matlab 案例应用。本书提供了实际应用案例的详细 Matlab 运行代码，对于采用这些算法工具来解决生产调度、路径规划、任务分配等领域具体问题的理论研究和工程技术人员，可以参考代码快速理解和掌握算法。

本书为高等院校智能制造工程、工业工程、自动化、计算机等专业的教学用书，也可作为研究智能制造、群体智能、人工智能、优化算法等相关领域与专业的研究生及研究人员的参考用书。

图书在版编目（CIP）数据

智能优化算法及其 Matlab 案例 / 张国辉，余娜娜，郭胜会编著. -- 北京 ：化学工业出版社，2025. 4.
（国家级一流本科专业建设成果教材）（普通高等教育研究生教材）. -- ISBN 978-7-122-47520-6

Ⅰ. O242.23；TP317

中国国家版本馆 CIP 数据核字第 2025NQ7271 号

责任编辑：李玉晖　　文字编辑：刘建平　李亚楠　温潇潇
责任校对：边　涛　　装帧设计：张　辉

出版发行：化学工业出版社
　　　　（北京市东城区青年湖南街 13 号　邮政编码 100011）
印　　装：大厂回族自治县聚鑫印刷有限责任公司
710mm×1000mm　1/16　印张 9　字数 150 千字
2025 年 8 月北京第 1 版第 1 次印刷

购书咨询：010-64518888　　　　售后服务：010-64518899
网　　址：http://www.cip.com.cn
凡购买本书，如有缺损质量问题，本社销售中心负责调换。

定　　价：38.00 元　　　　　　　　版权所有　违者必究

前言

　　20 世纪 60 年代美国密歇根大学 J. Holland 教授的学生 Bagley 在他的博士论文中首次提出了遗传算法这一术语以来，涌现出了很多智能优化算法。智能优化算法是一类模拟生物进化、群体行为或物理法则等自然现象或过程的计算方法，用于解决组合优化、函数优化、大空间优化等复杂的优化问题，得到了国内外学者的广泛关注。这类算法与其他类型的精确优化方法相比，具有实现简单、通用性强且适合并行处理、对问题模型要求低和效率较高等优点，目前已经被广泛应用到组合优化问题、函数优化问题、生产调度问题、自动控制优化问题等很多领域中。本书正是在智能优化算法的研究与应用方兴未艾之际，对编著者与相关学者在其领域的研究成果进行总结，以期为相关专业的学生与研究人员提供系统性的参考。

　　本书共分 8 章，第 1 章介绍了智能优化算法的概念、特点、分类以及最优化问题的含义、分类等；第 2 章到第 7 章分别介绍了遗传算法、模拟退火算法、禁忌搜索算法、蚁群优化算法、粒子群优化算法、帝国竞争算法等 6 种经典智能优化算法的理论基础、算法推导与流程，以及 Matlab 案例应用；第 8 章介绍了多目标进化优化算法的理论基础、算法框架及 Matlab 案例应用。本书在编写过程中，重点聚焦于利用智能优化算法解决实际应用问题。书中强调将实际问题抽象为适合算法求解的模型，深入剖析问题特征，并探索与问题特征高度契合的算法策略，以提升算法求解的质量和效率。同时，鉴于每种算法在代码实现过程中存在多种方式，算法中各个算子的实现也具有多样性，优化目标更是多种多样，本书所提供的代码仅作为示例之一。感兴趣的读者可在本书的基础上，进一步深入研究，开发出更贴合问题特征、更具效率的算法。

　　本书由郑州航空工业管理学院张国辉、余娜娜、郭胜会编著。在编写过程中，研究生闫少峰、张得雨、李志霄、蔡翌豪、任远、伦伟航、王文迪等参与了相关资料的收集、整理和校对工作，在此对他们表示感谢。本书出版受到河南省高等教育教学改革研究与实践项目（研究生教育类）（2023SJGLX019Y，2023SJGLX330Y）、河南省研究生精品教材项目（YJS2024JC42）等项目资助。

　　本书在编写过程中参阅了相关的参考书和文献资料，以确保内容的丰富性和科学性。主要参考文献已列于每章之后，在此向国内外相关作者致以衷心的感谢。

　　由于编著者的水平有限，且科学技术不断发展，书中难免存在一些不足之处。诚挚地希望各位读者提出宝贵意见和建议，以帮助我们改进和完善本书。

编著者

目录

第1章 概述 ·· 001

1.1 智能优化算法简介 ···························· 001

1.1.1 智能优化算法的含义与特点 ··········· 001

1.1.2 智能优化算法的分类 ·················· 002

1.2 最优化问题 ································· 003

1.2.1 最优化问题含义 ······················ 003

1.2.2 最优化问题的分类 ···················· 003

1.2.3 计算复杂性与 NP 问题 ················ 004

1.3 智能优化算法的应用与发展 ··············· 004

参考文献 ····································· 005

第2章 遗传算法 ··································· 006

2.1 遗传算法理论 ······························· 006

2.1.1 遗传算法的基本概念 ·················· 006

2.1.2 遗传算法的生物学基础 ··············· 007

2.1.3 遗传算法的特点 ······················ 008

2.1.4 遗传算法的改进方向 ·················· 008

2.2 遗传算法流程 ······························· 009

2.3 实例推导与仿真 ···························· 010

参考文献 ····································· 021

第3章 模拟退火算法 ······························ 022

3.1 引言 ··· 022

3.2 模拟退火算法理论 ·· 022
3.2.1 物理退火过程 ·· 022
3.2.2 模拟退火算法的原理 ·································· 023
3.2.3 模拟退火算法的特点 ·································· 023
3.2.4 模拟退火算法的改进方向 ···························· 024
3.3 模拟退火算法流程 ·· 025
3.4 实例推导与仿真 ·· 026
参考文献 ··· 035

第4章 禁忌搜索算法 ·· 037

4.1 引言 ·· 037
4.2 禁忌搜索算法理论 ·· 037
4.2.1 禁忌搜索算法的发展历程 ···························· 037
4.2.2 禁忌搜索算法的优化过程 ···························· 038
4.2.3 禁忌搜索算法的特点 ·································· 038
4.2.4 禁忌搜索算法的改进方向 ···························· 039
4.3 禁忌搜索算法流程 ·· 040
4.3.1 关键参数说明 ·· 040
4.3.2 禁忌搜索算法流程 ···································· 041
4.4 实例推导与仿真 ·· 042
参考文献 ··· 053

第5章 蚁群优化算法 ·· 055

5.1 引言 ·· 055
5.2 蚁群优化算法理论 ·· 055
5.2.1 蚁群觅食过程 ·· 055
5.2.2 蚁群优化算法的优化过程 ···························· 056
5.2.3 蚁群优化算法的特点 ·································· 056
5.2.4 蚁群优化算法的改进方向 ···························· 057
5.3 蚁群优化算法流程 ·· 058

5.3.1 关键参数说明 ·· 059

5.3.2 算法的整体思路 ·· 060

5.4 实例推导与仿真 ·· 062

参考文献 ·· 079

第6章 粒子群优化算法 ································· 080

6.1 引言 ··· 080

6.2 粒子群优化算法理论 ··· 080

6.2.1 粒子群优化算法的优化过程 ···································· 080

6.2.2 粒子群优化算法的特点 ·· 081

6.2.3 粒子群优化算法的改进方向 ···································· 082

6.3 粒子群优化算法流程 ··· 083

6.3.1 关键参数说明 ·· 084

6.3.2 算法的整体思路 ·· 086

6.4 实例推导与仿真 ·· 088

参考文献 ·· 103

第7章 帝国竞争算法 ································· 105

7.1 引言 ··· 105

7.2 帝国竞争算法理论 ··· 105

7.2.1 帝国竞争算法的主要过程 ·· 105

7.2.2 帝国竞争算法的优化过程 ·· 106

7.3 帝国竞争算法流程 ··· 106

7.3.1 ICA算法的初始化 ·· 108

7.3.2 殖民地向所属帝国主义国家移动 ···························· 109

7.3.3 改变帝国主义国家和殖民地的位置 ······················ 110

7.3.4 计算帝国的总势力 ·· 110

7.3.5 帝国的竞争 ··· 111

7.3.6 弱势帝国的灭亡 ·· 112

7.3.7 总结 ··· 112

7.4 实例推导与仿真 ·· 112

参考文献 ·· 124

第 8 章　多目标进化优化 ·················· 125

8.1　引言 ··· 125
8.2　多目标进化优化基础 ····························· 125
  8.2.1　多目标优化问题 ···························· 125
  8.2.2　多目标优化个体之间的关系 ·············· 126
  8.2.3　基于 Pareto 的多目标最优解集 ·········· 127
8.3　基于 Pareto 的多目标优化算法一般框架 ···· 127
8.4　仿真案例 ·· 128
参考文献 ·· 133

第1章

概　述

1.1　智能优化算法简介

1.1.1　智能优化算法的含义与特点

智能优化算法是一类模拟生物进化、群体行为或物理法则等自然现象或过程的计算方法，通常用于解决复杂的优化问题。这类算法在求解过程中，结合了随机性和智能性，不依赖于问题的具体数学模型，而是通过模拟自然界或社会系统的某些机制来寻找最优解或近似最优解。

智能优化算法具有以下特点。

随机性：智能优化算法通常包含随机元素，这使得算法能够在搜索过程中跳出局部最优解，增加找到全局最优解的可能性。

智能性：算法通过模拟自然界或社会系统的智能行为（如遗传算法模拟自然选择、粒子群优化算法模拟鸟群觅食等），在搜索过程中展现出一定的智能性。

自适应性：许多智能优化算法能够根据搜索过程中的反馈信息自适应地调整搜索策略，提高搜索效率。

智能优化算法中，群体智能是非常重要的一类算法。群体智能（swarm intelligence，SI）是人工智能领域中重要的概念，最早由 Gerardo Beni 和 Jing Wang 于 1989 年提出，用以研究细胞机器人系统，如兰顿的蚂蚁和康威的生命游戏。群体智能是一种模拟生物群体或社会群体行为的智能计算方法，其核心思想是通过模仿自然界中的群体行为和集体智慧，利用分布式、并行化的计算模型，以达到解决复杂问题、优化任务或模拟现实系统的目的[1]。

群体智能并不是简单的多个个体行为的集合，而是超越个体行为的一种更高级的表现，这种从个体行为到群体行为的演变过程往往极其复杂，是群体中各个个体随时间相互作用的模式和结果，以至于很难由个体的简单行为来预测和推演群体行为。这称为涌现（emergence），指推演一个复杂系统中某些新的、相关的结构、模式和性质（或行为）的过程。

群体智能算法通过交流信息、竞争与合作、适应环境等机制，不断演化和优化解决方案。自 1992 年意大利学者 Dorigo 从蚁群寻找最短路径的现象中受到启发在他的博士论文中提出蚁群优化算法（ant colony optimization，ACO）开始，群体智能算法作为一个理论被正式提出，并逐渐吸引了大批学者的关注。其特点包括分布式并行计算，具有自组织性、鲁棒性、适应性强、并行搜索能力等，适用于求解高维复杂问题、具有多解空间和多模态的优化任务，以及需要适应环境变化和动态优化的应用场景。群体智能的研究和应用领域涵盖了计算机科学、人工智能、优化理论、复杂系统建模等多个领域，为解决现实世界中的复杂问题提供了一种有效的思路和方法[2]。

1.1.2 智能优化算法的分类

智能优化算法根据其设计原理、搜索策略以及应用领域的不同，可以被划分为多个主要类别[3-4]。

进化类算法：由生物进化机制启发得到，通过模拟自然选择、遗传变异和交叉等机制，不断演化个体来优化问题的解。典型代表为遗传算法（genetic algorithm, GA）和差分进化算法（differential evolution，DE）。

群体智能类算法：通过使用单个生物个体作为搜索代理来模仿生物集群的集体行为，利用个体间的信息交流和协同合作，以群体的方式搜索最优解。典型代表为蚁群优化算法（ant colony optimization，ACO）、粒子群优化算法（particle swarm optimization，PSO）和人工蜂群优化算法（artificial bee colony optimization，ABC）。

物理法则类算法：由物理法则启发得到，将客观规律转化为算法流程。典型代表为模拟退火算法（simulated annealing，SA）和引力搜索算法（gravitational search algorithm，GSA）。

其他类算法：由自然现象、数学原理、人造活动等启发得到，通过引入新的搜索策略或改进现有算法，提高了优化过程的效率和性能。例如禁忌搜索算法（tabu search algorithm）、和声搜索算法（harmony search algorithm）、免疫算法（immune algorithm）等。

近年来，深度学习优化算法也逐渐成为研究热点，如基于神经网络的进化算法、深度强化学习算法等，其通过结合深度学习技术和优化算法，实现了对复杂问题的高效优化。

1.2　最优化问题

1.2.1　最优化问题含义

最优化问题是指在给定约束条件下，寻找某种目标函数在定义域内取得最优值（最大值或最小值）的数学问题。其核心目标在于找到使目标函数取得极值的自变量取值，以满足问题的特定条件或达到最佳的效果。最优化问题在工程、经济、管理、科学等领域具有广泛的应用，涵盖了诸如线性规划、非线性规划、整数规划、动态规划等多种类型的问题。解决最优化问题的方法包括数学规划、优化算法、近似方法等，其研究旨在寻找高效、可行的算法，以解决现实生活中的复杂决策问题，从而在提高资源利用效率、降低成本、优化系统性能等方面产生积极影响[5]。

1.2.2　最优化问题的分类

最优化问题根据问题的特性、约束条件以及解的形式可分为多个主要类别。其中，线性规划（linear programming，LP）涉及线性目标函数和线性约束条件的优化问题，非线性规划（nonlinear programming，NLP）涉及非线性目标函数和/或非线性约束条件的优化问题，整数规划（integer programming，IP）涉及目标函数和/或决策变量必须取整数值的优化问题，动态规划（dynamic programming，DP）解决由多阶段决策组成的序列决策问题[6]。此外，凸优化（convex optimization）研究具有凸性质的目标函数和约束条件的优化问题，而混合整数线性规划（mixed integer linear programming，MILP）结合了整数规划和线性规划的特性。其他常见分类包括多目标优化（multi-objective optimization）以及约束优化（constrained optimization），涵盖了在多个目标[7]或约束下进行优化的问题。这些分类体现了最优化问题在不同领域和应用中的多样性和复杂性，各自具有独特的数学特性和解决方法。

1.2.3 计算复杂性与 NP 问题

计算复杂性是研究解决问题所需的计算资源与问题规模之间关系的学科。NP问题指的是那些在多项式时间内可以验证一个给定解是否正确的问题。也就是说，给定一个候选解，可以在多项式时间内检查它是否满足问题的约束条件。P 问题是指那些可以在多项式时间内求解的问题。NP 问题包括了许多实际应用中遇到的复杂问题，如旅行商问题[8]、集合覆盖问题和图着色问题等。

其中，NP 完全问题（NP-complete problems）是 NP 问题中最复杂的一类。这些问题具有以下特征：首先，它们在多项式时间内可以验证；其次，它们属于 NP 问题中的一个特定子集，即如果一个 NP 完全问题可以在多项式时间内被解决，那么所有 NP 问题也可以在多项式时间内被解决。这一特性使得 NP 完全问题成为研究计算复杂性的重要领域。经典的计算复杂性问题之一就是 "P 与 NP 之谜"，即是否存在一种多项式时间内解决所有 NP 问题的算法，这个问题至今没有得到解决。

因此，计算复杂性和 NP 问题的研究对于理解计算问题的本质、开发更有效的算法，以及制定更现实的计算界限具有重大意义。这些研究领域对计算机科学、数学和相关领域的学术与应用发展产生深远影响。

1.3 智能优化算法的应用与发展

智能优化算法在工程、经济学、管理学等领域得到了广泛的应用。它们能够有效地处理具有高度非线性、多模态和大规模搜索空间的优化问题，例如参数优化、组合优化、机器学习模型调优等。其应用遍及电力系统、交通运输、通信网络、金融风险管理等各个领域。智能优化算法的应用为解决实际问题提供了一种高效、灵活且具有全局搜索能力的方法，对于推动科学技术的进步和社会发展具有重要意义[9]。

智能优化算法的发展经历了多个阶段，从早期的遗传算法和模拟退火算法到如今的蚁群优化算法、粒子群优化算法、人工免疫算法等。这些算法源于对自然界中生物进化、群体智能等现象的模拟和启发，逐步形成了一系列高效、灵活且具有全局搜索能力的优化方法。

随着计算机技术的不断进步和优化算法理论的不断完善，智能优化算法在规模化、复杂化问题求解中的应用越来越广泛。近年来，智能优化算法与深度学习、强化学习等技术的结合也成为了研究的热点之一，为解决更加复杂的优化问题提供了新的思路和方法[10]。

此外，智能优化算法的发展也受到了跨学科研究的推动，计算机科学、数学、生物学、物理学等多个领域的交叉融合促进了算法的创新和发展，使得智能优化算法在解决实际问题中具有更广泛的适用性和更强的实用性。

总的来说，智能优化算法的发展不仅推动了优化理论和算法的进步，也为解决实际问题提供了一种高效、灵活且具有全局搜索能力的方法，对于推动科学技术的进步和社会发展具有重要意义。

参考文献

［1］ 彭喜元，戴毓丰. 群智能理论及应用［J］. 电子学报，2003（S1）：1982-1988.

［2］ 王辉，钱锋. 群体智能优化算法［J］. 化工自动化及仪表，2007（5）：7-13.

［3］ LIAO H，HU Y，LI Q，et al. An intelligent optimization method of reload core loading pattern and its application［J］. Annals of Nuclear Energy，2022，171：109008.

［4］ 林诗洁，董晨，陈明志，等. 新型群智能优化算法综述［J］. 计算机工程与应用，2018，54（12）：1-9.

［5］ 李雅丽，王淑琴，陈倩茹，等. 若干新型群智能优化算法的对比研究［J］. 计算机工程与应用，2020，56（22）：1-12.

［6］ ZHANG B，ZHANG J，HAN Y，et al. Dynamic soft sensor modeling method fusing process feature information based on an improved intelligent optimization algorithm［J］. Chemometrics and Intelligent Laboratory Systems，2021，217：104415.

［7］ CHAI T，DING J，WANG H. Multi-objective hybrid intelligent optimization of operational indices for industrial processes and application［J］. IFAC Proceedings Volumes，2011，44（1）：10517-10522.

［8］ 高海昌，冯博琴. 智能优化算法求解 TSP 问题［J］. 控制与决策，2006（3）：241-247，252.

［9］ LI H，LIU J，LI J，et al. Intelligent optimization method for complex steel structures based on internal force state［J］. Journal of Constructional Steel Research，2024，218：108732.

［10］ IMAD M，HOSSEINI A，KISHAWY H A. Optimization methodologies in intelligent machining systems - a review［J］. IFAC-PapersOnLine，2019，52（10）：282-287.

第2章
遗传算法

遗传算法是进化算法的典型代表，也是应用较早、广为人知的智能算法之一，是一类借鉴生物界自然选择和自然遗传机制的随机搜索算法[1]。它被广泛应用于解决传统搜索算法难以解决的复杂和非线性优化问题。

遗传算法提供了求解非线性规划的通用框架，不依赖于问题的具体领域。它的优点是将问题参数编码成染色体后进行优化，而不针对参数本身，不受函数约束条件的限制；搜索过程从问题解的一个集合开始，而不是从单个个体开始，具有隐含并行搜索特性，可大大减小陷入局部最小的可能性[2]；而且优化计算时算法不依赖于梯度信息，且不要求目标函数连续及可导，适于求解传统搜索方法难以解决的大规模、非线性组合优化问题。目前，遗传算法已在组合优化、机器学习、信号处理、自适应控制和人工生命等领域取得了显著成果。

2.1 遗传算法理论

2.1.1 遗传算法的基本概念

遗传算法中的一些基本概念如下[3-4]。

① 个体（individual）：遗传算法中的个体是问题的一个解决方案，也可以看作是一个潜在的解。个体通常由一组基因表示，每个基因对应问题的一个特定属性或变量。

② 染色体（chromosome）：染色体是基因组合，它由多个基因串联而成。染色体的长度取决于问题的复杂性，每个基因的取值范围也由问题的约束条件决定。

③ 基因（gene）：基因是染色体的组成部分，它代表了个体在问题空间中的一个特定特征或属性。基因通常被编码为二进制串、整数或浮点数等形式。基因决定了个体的表现和适应度。

④ 适应度（fitness）：适应度是个体在解决问题中对优劣程度的度量。适应度函数根据问题的目标设定，通过评估个体的性能来计算适应度值。适应度越高，个体的解决方案越优秀。

⑤ 选择（selection）：选择操作用于根据适应度值从当前种群中选择一部分个体作为父代，进入下一代的繁殖过程。选择操作通常使用轮盘赌、锦标赛等方法，优先选择适应度较高的个体。

⑥ 交叉（crossover）：交叉操作是模拟生物界中的基因重组过程。通过随机选择一对父代个体，并在染色体上随机选择一个位置进行切割，将两个个体的染色体片段互换，产生新的子代染色体。

⑦ 变异（mutation）：变异操作是模拟生物界中的基因突变过程。在交叉操作之后，对新产生的子代染色体进行突变，即随机改变染色体上的一个或多个基因的值。变异操作有助于保持种群的多样性。

⑧ 繁殖（reproduction）：繁殖过程是通过选择和遗传操作生成下一代个体的过程。通过选择操作选择适应度较高的个体作为父代，然后使用交叉和变异操作生成新的子代个体。重复这个过程直到生成足够数量的下一代个体。

⑨ 种群（population）：种群是指当前代中所有个体的集合。每一代通过繁殖过程生成新的种群，新一代的个体根据适应度值的变化来逐渐优化。

2.1.2　遗传算法的生物学基础

遗传算法是一种受到生物进化过程启发而设计的优化算法。它基于达尔文的进化理论，模拟了自然界中的遗传、交叉和突变等生物遗传操作，用于解决复杂问题的优化和搜索[5]。

遗传算法的生物学基础可以追溯到遗传学的基本原理。在自然界中，生物个体通过遗传信息（基因）的传递和变异来适应环境的变化。遗传算法将这种遗传过程抽象为一组个体的基因序列的编码过程，通过模拟遗传操作来搜索问题的最优解[6]。

遗传算法中的个体被称为染色体，每个染色体由一串基因组成。基因是问题解的部分或全部变量的表示。染色体的适应度函数评估了个体在解决问题中的性能，适应度高的个体更有可能生存和繁殖。

遗传算法的主要生物学操作包括选择、交叉和变异。选择操作模拟了自然选择的过程，根据个体的适应度来选择优秀的个体，使其具有更高的生存和繁殖机会。交叉操作模拟了生物个体的基因交换，通过交换染色体的部分基因片段来产生新的个体。变异操作引入了随机性，模拟了生物个体的基因突变，通过改变个体中的一个或多个基因来产生新的个体[7]。

通过反复应用选择、交叉和变异等操作，遗传算法能够在解空间中进行搜索，并逐渐优化个体的适应度，找到问题的最优解或接近最优解的解。

总之，遗传算法是基于生物进化过程的模拟，利用选择、交叉和变异等操作来搜索问题的最优解。这种算法在解决复杂问题的解的优化和搜索中具有广泛的应用。

2.1.3　遗传算法的特点

遗传算法利用生物进化和遗传的思想实现优化过程，它具有以下特点[8]。

① 基于生物进化的思想：遗传算法模拟了生物进化的过程，通过不断地进化、选择、交叉和变异来搜索最优解。它借鉴了自然界中适者生存和优胜劣汰的原理。

② 随机性和全局性：遗传算法采用随机性的操作，如随机初始化种群和随机选择个体进行交叉和变异，具有很强的全局搜索能力，可以避免陷入局部最优解。

③ 并行性和可扩展性：遗传算法可以并行地对多个个体进行评估和进化，从而加快求解过程。同时，遗传算法的扩展性较好，可以处理大规模的优化问题。

④ 适用于复杂问题和非线性问题：遗传算法适用于各种复杂问题和非线性问题，包括组合优化、参数优化、机器学习等。它可以在搜索空间中找到多个局部最优解，从而提供多样化的解决方案。

总的来说，遗传算法具有搜索全局最优解的能力，适用于各种复杂问题，并且具有自适应性和自学习能力。它是一种强大而灵活的优化算法，在实际应用中具有广泛的应用前景。

2.1.4　遗传算法的改进方向

遗传算法凭借其强大的全局最优解搜索能力、问题域的独立性、信息处理的并行性、应用的鲁棒性和操作的简明性，成为一种具有良好适应性和可规模化的求解方法。为了获得更优的性能和更强的适应性，自其问世以来研究者对其提出了不同的改进方向。总的来说，遗传算法的改进方向包括算子设计优化、多目标优化、高性能计算、混合算法和自适应参数调整[9-10]。这些改进可以提高遗传算法在复杂问题求解中的效果，使其更加适应现实生活中的各种应用场景。

① 算子设计优化：改进遗传算法的核心操作，如改进选择、交叉和变异算子。通过改进这些算子，可以提高算法的搜索效率和收敛速度。例如，设计更有效的选择算子，如锦标赛选择或轮盘赌选择，以增加优秀个体的选择概率。此外，还可以改进交叉和变异算子，如引入自适应交叉和变异概率，以提高算法的多样性和适应性。

② 多目标优化：传统的遗传算法主要用于单目标优化问题，但在现实生活中，许多问题涉及多个冲突的目标。为了解决这些多目标优化问题，研究人员提出了多目标遗传算法，如 NSGA-Ⅱ 和 MOEA/D。这些算法通过维护一组非劣解来解决多目标优化问题，以提供一系列最优解的选择。

③ 高性能计算：随着大数据和复杂问题的出现，传统的遗传算法在处理大规模问题时可能面临计算资源不足的问题。因此，研究人员致力于将遗传算法与高性能计算技术相结合，如并行化和分布式计算。这些技术可以加快算法的执行速度，并提高解决大规模问题的能力。

④ 混合算法：将遗传算法与其他优化算法相结合，如模拟退火算法、粒子群优化算法等。通过混合算法可以融合各种算法的优点，克服各自的缺点，从而提高算法的全局搜索能力和局部搜索能力。

⑤ 自适应参数调整：传统的遗传算法通常需要手动设置一些参数，如交叉概率和变异概率。然而，这些参数的选择对算法的性能有很大影响。为了解决这个问题，研究人员提出了自适应参数调整方法，如遗传编程和进化策略。这些方法可以自动调整算法的参数，以适应问题的特性，并提高算法的性能。

2.2　遗传算法流程

遗传算法的算法流程如图 2.1 所示，具体步骤如下[11-12]。

① 初始化种群：随机生成一定数量的个体作为初始种群。每个个体都代表问题的一个潜在解。

② 评估适应度：对每个个体应用问题的适应度函数，计算其适应度值。适应度值可以根据问题的具体要求来定义，通常是通过最小化或最大化函数来评估个体

的优劣。

③ 选择操作：根据个体的适应度值，选择一部分个体作为父代进行繁殖。常用的选择方法有轮盘赌选择、锦标赛选择等。轮盘赌选择是根据个体适应度值的大小，按照一定的概率选择个体作为父代。

④ 交叉操作：从选中的父代个体中，随机选择两个个体进行交叉操作。交叉操作可以通过交换两个个体的某些基因片段来产生新的个体。交叉操作可以增加种群的多样性，并探索解空间的更多可能性。

⑤ 变异操作：对新生成的个体进行变异操作，引入新的基因信息。变异操作通常是以一定的概率随机改变个体的某些基因值。变异操作可以避免陷入局部最优解，并引入新的解。

⑥ 更新种群：将新生成的个体加入种群中，替换掉原来的一些个体。形成新一代种群。

⑦ 重复迭代：重复执行步骤②到⑥，直到满足终止条件。终止条件可以包括以下几个方面：达到预设的最大迭代次数、找到满意解或种群的适应度达到一定阈值。

⑧ 输出结果：最终输出种群中适应度最高的个体作为问题的解。

需要指出的是，以上步骤中的参数设置、选择操作、交叉操作和变异操作的具体策略会根据问题的特点进行调整。调整这些参数和操作是为了获得更好的性能和解决问题的效果。

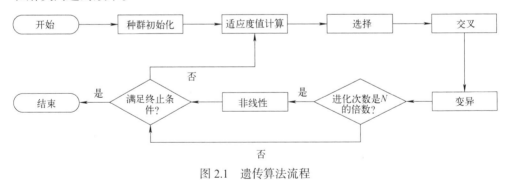

图 2.1   遗传算法流程

2.3   实例推导与仿真

例 2.1   用标准遗传算法求函数 $f(x)=3\sin x+\cos(2x)$ 的最大值，其中，x 的取值范围为[0, 5]。

推导如下。

从第一代开始，经过详细的选择、交叉、变异操作，得到第二代种群。

参数设定：参数设定如表 2.1 所示。

表 2.1　参数设定

参数名称	数值
种群大小	50
染色体编码长度	20
最大进化代数	50
交叉概率 Pc	0.8
变异概率 Pm	0.1

初始化种群：

① 首先生成数量为 50、长度为 20 的二进制染色体编码，这 50 个染色体作为第一代种群。

② 根据每个染色体的二进制串，将其转换为对应的十进制，并且将该值映射到区间 [0,5]。

映射过程如下：

假设每个二进制串的 20 位编码用来表示 [0,5] 区间的实数值，那么可通过以下公式将二进制串转换为在 [0,5] 区间的值：

$$X = \frac{BV}{2^{20}-1} \times 5$$

式中，BV 是染色体对应的十进制数；$2^{20}-1$ 是 20 位二进制的最大值。

假设第一代生成的其中一个二进制串为 01010101010101010101，那么这个二进制串对应的十进制值是：

$$BV = 349525$$

将这个数字映射到 [0,5] 区间（结果保留三位小数）：

$$X = \frac{349525}{1048575} \times 5 \approx 1.667$$

适应度计算： 这一步也叫作适应度评估，适应度计算是对每个个体的对应的 $f(x)$ 值进行计算，并将其作为该个体的适应度。

在初始化种群这一步骤中，假设生成的二进制串 01010101010101010101 通过计算映射得到的 x 值为 1.667。将 x=1.667 代入函数 $f(x)$ 中，计算这一个体的适应度(结果保留三位小数)。

$$f(x) = 3\sin 1.667 + \cos(2 \times 1.667) \approx 3 \times 0.995 + (-0.982) = 2.003$$

在实际运行遗传算法的适应度计算这一过程中，会计算所有个体适应度。

选择：此例使用轮盘赌策略进行个体选择，根据适应度的大小，按照一定的概率选择个体作为父代。其中每个个体的选择概率与其适应度成正比。

① 要对适应度进行归一化。对所有个体在上一步中得出的适应度进行相加求和，算出每一个个体归一化后的适应度，使得所有个体的适应度之和为 1。

$$\mathrm{NF}_i = \frac{f_i}{\displaystyle\sum_{i=1}^{\mathrm{NP}} f_i}$$

式中，f_i 为第 i 个个体适应度计算中得出的适应度值；NF_i 为第 i 个个体归一化后的适应度值。

② 使用轮盘赌策略根据归一化的适应度值对种群中的个体进行选择，选择出的父代用来产生下一代。通常，适应度较高的个体有更高的概率被选中。

③ 复制优质个体，淘汰劣质个体，将种群数量保持在本例设置的 50 个个体。

交叉：根据本例设定的交叉概率 Pc=0.8，随机选择两个个体进行交叉。假设其中一个父代染色体设定的二进制字符串 10101010101010101010 为父代染色体 1（父代 1），另一个父代染色体 2（父代 2）假设为 11011011011011011010，即父代 1 和父代 2 为：

父代 1=10101010101010101010
父代 2=11011011011011011010

假设将两个父代染色体在第 10 位进行染色体交叉，那么，交叉后的两个子代分别是：

子代 1：10101010111011011010
子代 2：11011011001010101010

变异：根据例子给出的变异概率 Pm=0.1，每个子代有 10%的概率发生变异。将选中变异的个体的某个基因位置进行随机变动，即将该位置的二进制数进行翻转。

假设子代 11010101010111011011010 进行变异，其中变异位置为第 12 位，则变异后为 10101010111111011010 这一染色体。

更新种群：在进行过选择、交叉、变异一系列演化过程后，会将交叉和变异操作得到的新子代加入种群中，在将子代加入新种群中时也要保留一些历史最优的个体从而保持种群质量。将子代和父代的适应度进行比较，选择适应度较高的个体保留到下一代种群中。

在本例的第一代的演化过程完成后，将得到的新种群作为第二代，继续下一循环。直到符合例子所要求的终止条件时，停止循环并输出得到的最优结果。

算法的基本流程如下。

① 初始化种群规模 NP=50，染色体编码长度 L=20，最大进化代数 G=50，交叉概率为 Pc=0.8，变异概率为 Pm=0.1。

② 产生初始种群，将二进制编码转换成十进制，计算个体适应度值，并进行归一化；采用基于轮盘赌的选择操作、基于概率的交叉和变异操作产生新的种群，并把历代的最优个体保留在新种群中，进行下一步的遗传操作。

③ 判断是否满足终止条件。满足，则结束；不满足，则继续迭代。

④ 得到的适应度进化曲线图如图 2.2 所示，值得注意的是由于遗传算法过程存在随机性，因此每次得到的适应度进化曲线可能是不同的。

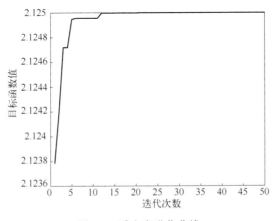

图 2.2　适应度进化曲线

Matlab 源程序如下：

```
%%%标准遗传算法求函数极值%%%
%%%初始化参数%%%
clear all;                  %清除所有变量
close all;                  %清图
clc;                        %清屏
NP=50;                      %种群规模
L=20;                       %二进制数串长度
Pc=0.8;                     %交叉概率
Pm=0.1;                     %变异概率
G=50;                       %最大进化代数
Xs=5;                       %上限
Xx=0;                       %下限
```

```
f=randi([0,1],NP,L);          %随机获得初始种群
finalMax=0;
finalXBest=0;
%%%遗传算法循环%%%
for k=1:G %  迭代的总代数
    %%%将二进制解码为定义域范围内的十进制%%%
    for i=1:NP        %  遍历所有个体
        U=f(i,:); %  将第 i 个个体读取出来
        m=0;          %  存储二进制对应的十进制数字
        for j=1:L %  按位把二进制转化为十进制
            m=U(j)*2^(j-1)+m;
        end
        x(i)=Xx+m*(Xs-Xx)/(2^L-1);      %  把十进制数字 m 转换到对应的
                                               定义域内
        Fit(i)= 3*sin(x(i))+cos(2*x(i));    %  计算适应度值
end
    maxFit=max(Fit);                  %最大值
    minFit=min(Fit);                  %最小值
    rr=find(Fit==maxFit);             %找出最优个体的下标索引
    fBest=f(rr(1,1),:);               %当代最优个体的二进制编码
    xBest=x(rr(1,1));                 %当代最优个体对应的十进制值
    if maxFit>finalMax
        finalMax=maxFit;
        finalXBest=xBest;
    end
    Fit=(Fit-minFit)/(maxFit-minFit);    %归一化适应度值
    %%%基于轮盘赌的选择操作%%%
    sum_Fit=sum(Fit);                        %对所有个体的适应度进行求和
    fitvalue=Fit./sum_Fit; %让所有个体适应度值加起来为 1，便于进行概率计算
    fitvalue=cumsum(fitvalue);    %cumsum 是累加当前索引及以前的适应度值
    ms=sort(rand(NP,1)); %生成一个 NP×1 的向量，并从小到大排序（轮盘赌
的关键操作）
```

```
        fiti=1;
        newi=1;
        while newi<=NP
            if (ms(newi))<fitvalue(fiti)          % 优胜个体，多复制几个
                nf(newi,:)=f(fiti,:);             % 复制
                newi=newi+1;                      % 新个体计数+1
            else                                  % 劣汰个体，少复制或者干脆直接跳过去
                fiti=fiti+1;
                if fiti>50
                    break;
                end
            end
        end
end
%%%基于概率的交叉操作%%%
for i=1:2:NP                   % 此处步长为 2，主要是相邻两个个体进行交叉
        p=rand;                % 生成一个随机数
        if p<Pc                % 以 Pc 的概率进行交叉
            q=randi([0,1],1,L);       % 随机生成一个交叉序列,0 表示不交叉,
1 表示交叉
            for j=1:L
                if q(j)==1            % 对需要交叉的基因进行操作，不需要
交叉的基因直接跳过
                    temp=nf(i+1,j);
                    nf(i+1,j)=nf(i,j);
                    nf(i,j)=temp;
                end
            end
        end
end
%%%%基于概率的变异操作%%%
i=1;
while i<=round(NP*Pm)
        h=randi([1,NP],1,1);          %随机选取一个需要变异的个体( 染色体 )
```

```
            for j=1:round(L*Pm)       %Pm 是变异概率，L * Pm 是四舍五入得到的
变异的基因数量
                g=randi([1,L],1,1);           %随机选择变异的基因数
                nf(h,g)=~nf(h,g);
            end
            i=i+1;
    end
    f=nf;                       %更新种群
                                %轮盘赌选择的时候，在前面的个体更容易被选中
    f(1,:)=fBest;           %如果最优个体在后面，则不一定被选中，这步操作是要
保留最优个体在新种群中
    trace(k)=maxFit;                        %历代最优适应度
end
xBest;                          %最后一代最优个体
finalXBest;                     %最优个体
figure;
plot(trace);
xlabel('迭代次数');
ylabel('目标函数值');
title('适应度进化曲线');
```

例 2.2 旅行商问题（traveling salesman problem，TSP）[13]。假设有一个旅行商人要拜访 16 个城市，他需要选择要走的路径，路径的限制是每个城市只能拜访一次，而且最后要回到原来出发的城市。路径的选择要求是：所选路径的路程成为所有路径的路程之中的最小值。16 个城市的位置坐标是[565，575；25，185；345，750；945，685；845，355；880，460；25，230；525，1000；580，1175；650，1130；1605，620；1220，580；1465，200；1530，5；845，680；725，370]。

算法的基本流程如下。

① 初始化种群规模 NP=200，最大进化代数 G=1000。

② 产生初始种群，计算个体适应度值，即路径长度。采用基于概率的方式选择进行操作的个体，对选中的成对个体，随机交叉选中的成对城市坐标，以确保交叉后的路径对每个城市只到访一次，对选中的单个个体，随机交换其一对城市坐标作为变异操作，产生新的种群，进行下一次遗传操作。

③ 判断是否满足终止条件：若满足，则结束搜索过程，输出优化值；若不满足，则继续进行迭代优化。

④ 得到的最优路径规划图和适应度进化曲线如图 2.3 和图 2.4 所示。

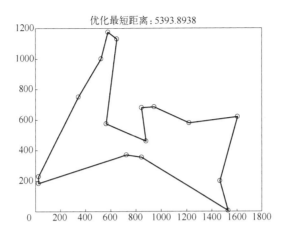

图 2.3　最优路径规划图

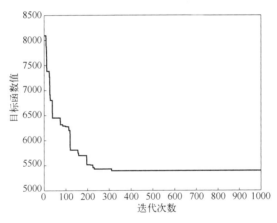

图 2.4　适应度进化曲线

Matlab 源程序如下：

%%% 遗传算法解决 TSP

clear all;

close all;

clc;

%%% 初始化参数

C=[565,575;25,185;345,750;945,685;845,355;880,460;25,230;525,1000;580,1175;

650,1130;1605,620;1220,580;1465,200;1530,5;845,680;725,370];

%16 个城市坐标

```
N=size(C,1);                           %TSP 的规模,即城市数目
D=zeros(N);                            %任意两个城市距离间隔矩阵
%% 求任意两个城市距离间隔矩阵
for i=1:N
    for j=1:N
        D(i,j)=((C(i,1) –C(j,1))^2+(C(i,2) –C(j,2))^2)^0.5;
    end
end
NP=200;                               %种群规模
G=1000;                               %最大进化代数
f=zeros(NP,N);                        %用于存储种群
F = [];                               %种群更新中间存储
for i=1:NP
    f(i,:)=randperm(N);               %随机生成初始种群
end
R = f(1,:);                           %存储最优种群
len=zeros(NP,1);                      %存储路径长度
fitness = zeros(NP,1);                %存储归一化适应度值
gen = 0;
%% 遗传算法循环
while gen<G
    %% 计算路径长度
    for i=1:NP
        len(i,1)=D(f(i,N),f(i,1));
        for j=1:(N–1)
            len(i,1)=len(i,1)+D(f(i,j),f(i,j+1));
        end
    end
    maxlen = max(len);
    minlen = min(len);
    %% 更新最短路径
    rr = find(len==minlen);
```

```matlab
R = f(rr(1,1),:);
%%% 计算归一化适应度值
for i =1:length(len)
    fitness(i,1) = (1- ((len(i,1) -minlen)/(maxlen-minlen+0.001)));
end
%%% 选择操作
nn = 0;
for i=1:NP
    if fitness(i,1)>=rand
        nn = nn+1;
        F(nn,:)=f(i,:);
    end
end
[aa,bb] = size(F);
while aa<NP
    nnper = randperm(nn);
    A = F(nnper(1),:);
    B = F(nnper(2),:);
    %%% 交叉操作
    W = ceil(N/10);        % 交叉点个数
    p = unidrnd(N-W+1);      % 随机选择交叉范围，从 p 到 p+W
    for i =1:W
        x = find(A==B(p+i-1));
        y = find(B==A(p+i-1));
        temp = A(p+i-1);
        A(p+i-1) =B(p+i-1);
        B(p+i-1) = temp;
        temp = A(x);
        A(x) = B(y);
        B(y) = temp;
    end
```

```matlab
%%% 变异操作
p1 = floor(1+N*rand());
p2 = floor(1+N*rand());
while p1==p2
    p1 = floor(1+N*rand());
    p2 = floor(1+N*rand());
end
tmp = A(p1);
A(p1) = A(p2);
A(p2) = tmp;
tmp = B(p1);
B(p1) = B(p2);
B(p2) = tmp;
F = [F;A;B];
[aa,bb] = size(F);
    end
    if aa>NP
        F = F(1:NP,:);              % 保持种群规模为 NP
    end
    f = F;                         % 更新种群
    f(1,:) = R;                    % 保留每代最优个体
    clear F;
    gen = gen+1;
    Rlength(gen) = minlen;
end
%%% 绘制图形
Figure;
for i = 1:N-1
    plot([C(R(i),1),C(R(i+1),1)],[C(R(i),2),C(R(i+1),2)],'bo-');
    hold on;
end
plot([C(R(N),1),C(R(1),1)],[C(R(N),2),C(R(1),2)],'ro-');
```

```
title(['优化最短距离：',num2str(minlen)]);
figure;
plot(Rlength);
xlabel('迭代次数');
ylabel('目标函数值');
title('适应度进化曲线');
```

参考文献

[1] 张纪会，徐心和. 一种新的进化算法——蚁群算法 [J]. 系统工程理论与实践，1999（3）：85-88，110.

[2] ASADZADEH L. A local search genetic algorithm for the job shop scheduling problem with intelligent agents [J]. Computers & Industrial Engineering，2015，85：376-383.

[3] 余有明，刘玉树，阎光伟. 遗传算法的编码理论与应用 [J]. 计算机工程与应用，2006（3）：86-89.

[4] GHANNADPOUR S F，ZANDIYEH F. An adapted multi-objective genetic algorithm for solving the cash in transit vehicle routing problem with vulnerability estimation for risk quantification [J]. Engineering Applications of Artificial Intelligence，2020，96：103964.

[5] 姚新，陈国良，徐惠敏，等. 进化算法研究进展 [J]. 计算机学报，1995（9）：694-706.

[6] PONGCHAROEN P，HICKS C，BRAIDEN P M，et al. Determining optimum genetic algorithm parameters for scheduling the manufacturing and assembly of complex products [J]. International Journal of Production Economics，2002，78（3）：311-322.

[7] SHADROKH S，KIANFAR F. A genetic algorithm for resource investment project scheduling problem, tardiness permitted with penalty [J]. European Journal of Operational Research，2007，181（1）：86-101.

[8] 王雪梅，王义和. 模拟退火算法与遗传算法的结合 [J]. 计算机学报，1997（4）：381-384.

[9] 葛继科，邱玉辉，吴春明，等. 遗传算法研究综述 [J]. 计算机应用研究，2008（10）：2911-2916.

[10] 张国辉，高亮，李培根，等. 改进遗传算法求解柔性作业车间调度问题 [J]. 机械工程学报，2009，45（7）：145-151.

[11] DENG S，LI Y，WANG J，et al. A feature-thresholds guided genetic algorithm based on a multiobjective feature scoring method for high-dimensional feature selection [J]. Applied Soft Computing，2023，148：110765.

[12] KUMI L，JEONG J. Optimization model for selecting optimal prefabricated column design considering environmental impacts and costs using genetic algorithm [J]. Journal of Cleaner Production，2023，417：137995.

[13] 于莹莹，陈燕，李桃迎. 改进的遗传算法求解旅行商问题 [J]. 控制与决策，2014，29（8）：1483-1488.

第 3 章
模拟退火算法

3.1 引言

　　模拟退火算法的核心思想是模拟材料在高温下的热运动行为,通过研究温度逐渐降低的过程,寻找到全局最优解或近似最优解。这一过程类比于固体材料加热后慢慢冷却,最终形成稳定的晶体结构的过程。算法在搜索过程中不仅接受更优解,还以一定的概率接受比当前解更劣的解,以跳出局部最优解,避免陷入局部最优解的困境[1]。模拟退火算法由三个关键部分组成:初始解的生成、新解的产生以及解的接受或拒绝。其灵活性和全局搜索能力使得它在解决组合优化问题和参数优化问题等方面具有广泛的应用[2]。

3.2 模拟退火算法理论

3.2.1 物理退火过程

　　物理退火过程是模拟退火算法的原型,其核心思想源于固体材料在热力学条件下的结晶形成过程。在物理退火中,固体材料被加热至高温状态后逐渐冷却,原子在高温下具有较大的热运动能量,随着温度的降低,原子的热运动能量逐渐减小,原子重新排列,最终形成了稳定的晶体结构。这一过程经历了加热、保温和冷却三个阶段[3]。

加热阶段材料处于高温状态，固体材料内的原子具有较高的热运动能量，晶格变得混乱并失去有序性。接着是保温阶段，此时材料逐渐冷却但温度仍处于相对高的水平。在这个阶段，虽然材料开始恢复一定的有序性，但仍具有较高的热运动能量。最后是冷却阶段，温度逐渐降低至足够低的水平。在这个阶段，原子逐渐固定在能量较低的位置，形成稳定的晶体结构，系统达到了最低能量状态。此时，材料的结构已经趋于稳定，整个退火过程完成[4]。

模拟退火算法模仿了物理中的退火过程，通过逐渐降低温度并决定是否接受或拒绝当前解，来平衡全局搜索和收敛到最优解的过程。这种温度控制和解的接受策略使得模拟退火算法在解决各种优化问题时表现出色。

3.2.2　模拟退火算法的原理

模拟退火算法作为一种启发式优化技术，其设计灵感源于固体材料的物理退火过程[5]。在这一过程中，材料经历加热、保温和冷却三个阶段，最终形成有序的晶体结构。模拟退火算法模拟了这一过程，并通过温度控制和随机性机制来搜索解空间中的最优解。

首先，算法从一个初始解开始，并以一定的概率接受更差的解。随着迭代的进行，算法逐渐降低接受更差解的概率，以便在搜索的后期阶段逐渐收敛于最优解或其近似解。其次，模拟退火算法通过模拟温度的逐渐降低来控制搜索过程。初始时，算法以较高的温度开始搜索，允许接受更差的解以便在解空间中进行全局探索。随着时间的推移，温度逐渐降低，使得算法更加趋向于接受比当前解更好的解，从而逐步收敛于最优解[6]。

总的来说，模拟退火算法通过模拟物理退火过程中的温度变化和原子重新排列，以一种灵活的方式在解空间中搜索最优解。这种基于温度控制和随机性机制的方法使得模拟退火算法能够有效地应对各种优化问题，并在求解过程中保持一定的探索性和收敛性。

3.2.3　模拟退火算法的特点

模拟退火算法以其独特的特点在解决各类优化问题中展现出显著的优势。其特点包括但不限于以下几个方面[7-8]。

① 模拟退火算法具有全局搜索能力。通过接受较差解的概率性接受机制和温度控制策略，模拟退火算法能够在解空间中进行全局搜索，避免陷入局部最优解，从而更有可能找到全局最优解或其良好近似解。

② 模拟退火算法具有自适应性。其温度参数的降低过程不仅可以按照预设的退火方案进行，还可以根据问题的特性和搜索过程中的表现进行自适应调整，从而更好地平衡探索性和收敛性，提高算法的效率和收敛性。

③ 模拟退火算法具有灵活性。算法的核心原理并不依赖于特定问题的结构或特性，因此可以灵活应用于各种不同类型的优化问题，包括组合优化、连续优化等，为解决实际问题提供了广泛的适用性。

④ 模拟退火算法具有可解释性。算法的核心原理基于物理学中的退火过程，易于理解和解释，使得算法的设计和调优更加直观和可控。

综上所述，模拟退火算法以其全局搜索能力、自适应性、灵活性和可解释性等特点，在解决各类优化问题中具有重要的应用价值和实用意义。

3.2.4 模拟退火算法的改进方向

模拟退火算法作为一种经典的启发式优化算法，在解决各类优化问题中展现出了一定的效果和优势。然而，为了进一步提升其性能和扩大其适用范围，可以考虑以下几个改进方向[9-10]。

① 参数调优与自适应性改进：针对传统模拟退火算法中需要手工设置的参数（如初始温度、降温速度等），可以引入自适应性调整机制，根据问题的特性和搜索过程的表现动态调整参数，以提高算法的鲁棒性和性能。

② 邻域结构优化：模拟退火算法的性能很大程度上依赖于邻域结构的设计，因此可以通过优化邻域结构的方式来提高算法的搜索效率和收敛速度，例如引入更加精细化的邻域搜索策略或者结合其他启发式方法来设计邻域结构。

③ 并行化与分布式计算：利用并行化和分布式计算技术，可以将模拟退火算法的计算任务分解成多个子任务并行处理，从而加速算法的搜索过程，提高算法的效率和可扩展性。

④ 混合策略与元启发式方法：将模拟退火算法与其他优化算法或者元启发式

方法进行混合，构建混合策略，可以充分利用各种算法的优势，提高算法的搜索效率和全局收敛性。

⑤ 应用领域特化与问题约束处理：针对特定的应用领域和问题特性，可以设计针对性的改进策略，例如结合问题的特定约束条件设计适应性的搜索策略，以提高算法在实际应用中的适用性和性能。

综上所述，通过对模拟退火算法在参数调优、邻域结构优化、并行化与分布式计算、混合策略与元启发式方法以及应用领域特化与问题约束处理等方面进行改进，可以进一步提升算法的性能和扩大算法的适用范围，从而更好地应对复杂的优化问题和实际应用需求。

3.3　模拟退火算法流程

模拟退火算法是一种经典的启发式优化算法，其基本流程包括初始化、接受准则、状态更新和停止条件等关键步骤。

① 初始化阶段。算法需要确定初始解以及初始温度。初始解可以通过随机生成或者其他启发式方法获得，而初始温度则是控制搜索过程中接受较差解的概率性参数，通常设置为一个较高的值。

② 在接受准则阶段。算法根据接受准则决定是否接受新解。常用的接受准则包括 Metropolis 准则等，通过比较新解与当前解的目标函数值以及温度参数，以一定的概率接受较差解，从而实现跳出局部最优解的目的。

③ 在状态更新阶段。算法根据一定的更新策略对当前解进行更新。常用的更新策略包括随机扰动、邻域搜索等，通过对当前解进行一定的扰动或变换来生成新的解，以便在解空间中进行探索。

④ 停止条件阶段。算法根据预设的停止条件来判断是否终止搜索过程。常见的停止条件包括达到最大迭代次数、目标函数值收敛到一定阈值等，一旦满足停止条件，则算法结束，返回当前最优解或者搜索结果。

具体的流程如图 3.1 所示。

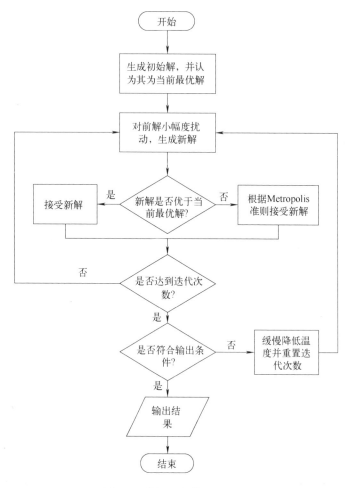

图 3.1　模拟退火算法流程图

3.4　实例推导与仿真

例 3.1　求解函数 $y = 11\sin x + 7\cos(5x)$ 在[-3,3]内的最大值。

推导如下。

绘制图像和参数初始化后，随机生成一个初始解

先在 x 的取值范围[-3,3]之间生成一个 x0=2.4803

代入目标函数 y=11*sin(x)+7*cos(5*x)　y0=13.6607

所以初始化最优解 x0=2.4803　y0=13.6607

当前温度下开始迭代 100 次：T=100，Lk=100（每个温度下迭代 100 次）for

i=1：Lk

当前第一次 i=1

随机生成 y=0.3188 代入 z=y/sqrt(sum(y.^2)), z=1[随机生成的 y 符合 N（0，1）标准正态分布。当生成的 y<0 时根据 z 的公式得出 z=−1，当 y>0 时根据 z 的公式得出 z=1。当 z=−1 时，代表向初始最优 x0 左侧搜索；当 z=1 时，代表向初始最优 x0 右侧搜索]

x_new=x0+z*T　x_new=102.4803（x_new 不在定义域内，把 x_new 调整到定义域内）

调整后 x_new=2.5310

把当前 x_new 赋予 x1=2.5310 代入目标函数 y=11*sin(x)+7*cos(5*x) y1=13.2800

比较 y0 和 y1，y0=13.6607>y1=13.2800[这种情况根据函数 P=exp(−(y0−y1)/T) p=0.9962rand(1)=0.4566[rand(1)比较 p，rand(1)<p 时 x0=x1，y0=y1]

所以当前 x0=2.5310　y0=13.2800　max_y=13.6607

y0< max_y，不更新 max_y

当前第二次 i=2

x0=2.5310　y0=13.2800　max_y =13.6607

y=−1.6702　z=−1

生成 x_new 并调整后 x1=−1.4581　y1=−7.1916

更新 x0 和 y0，同时比较 y0 和 max_y，判断是否更新 max_y

x0=−1.4581　y0=1−7.1916　max_y=13.6607

当前第三次 i=3

x0=−1.4581　y0=1−7.1916　max_y=13.6607

y=0.0662　z=1

生成 x_new 并调整后 x1=2.0150　y1=4.3606

此时 y1>y0，不考虑函数 p

x0=x1=2.0150　y0=y1=4.3606

y0=4.3606< max_y =13.6607，不更新最优解

此时 x0=2.0150　y0=4.3606　max_y =13.6607

当 i=100 时跳出循环并且记录此时 max_y =17.4919（T=100，该温度下迭代 100 次最优解）

根据温度衰减系数 alfa=0.95

T=alfa*T=95

在此温度下继续迭代 100 次，当 iter=200 时停止

(for iter=1：maxgen maxgen=200)

//求解思路如下。

① 衰减参数 alfa=0.95，最大迭代次数 maxgen＝200，初始温度 T0=100，计算其目标函数值。

② 在变量的取值范围内，按步长因子随机产生新解，并计算新目标函数值；以 Metropolis 准则确定是否替代旧解，在一种温度下，迭代 Lk 次。

③ 判断是否满足终止条件：若满足，则结束搜索过程，输出优化值；若不满足，则衰减温度，进行迭代优化。

优化结束后，找到的最大值为 17.4928，如图 3.2 所示。适应度进化曲线如图 3.3 所示。

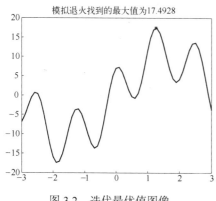

图 3.2　迭代最优值图像

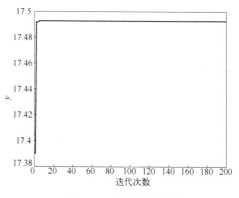

图 3.3　适应度进化曲线

Matlab 源程序如下：

```
tic;
clear;
clc;
%% 绘制函数的图形
x =-3:0.1:3;
y = 11*sin(x) + 7*cos(5*x);
figure;
plot(x,y,'b-');
hold on;          % 不关闭图形，继续在上面画图
%% 参数初始化
```

```
narvs = 1;          % 变量数量
T0 = 100;           % 初始温度
T = T0;             % 迭代中温度会发生改变，第一次迭代时温度就是 T0
maxgen = 200;       % 最大迭代次数
Lk = 100;           % 每个温度下的迭代次数
alfa = 0.95;        % 温度衰减系数
x_lb = –3;          % x 的下界
x_ub = 3;           % x 的上界
%%   随机生成一个初始解
x0 = zeros(1,narvs);
for i = 1: narvs
    x0(i) = x_lb(i) + (x_ub(i) –x_lb(i))*rand(1);
end
y0 = 11*sin(x0) + 7*cos(5*x0);     % 计算当前解的函数值
h = scatter(x0,y0,'*r');    % scatter 是绘制二维散点图的函数（这里返回 h 是为了
得到图形的句柄，未来我们对其位置进行更新）
%%% 定义一些保存中间过程的量，方便输出结果和画图
max_y = y0;          % 初始化找到的最佳的解对应的函数值为 y0
MAXY = zeros(maxgen,1);     % 记录每一次外层循环结束后找到的 MAXY(方
便画图）
%%% 模拟退火过程
for iter = 1 : maxgen               % 外循环，这里采用的是指定的最大迭代次数
    for i = 1 : Lk                   % 内循环，在每个温度下开始迭代
        y = randn(1,narvs);          % 生成 1 行 narvs 列的 N(0,1)随机数
        z = y / sqrt(sum(y.^2));     % 根据新解的产生规则计算 z
        x_new = x0 + z*T;            % 根据新解的产生规则计算 x_new 的值
        % 如果这个新解的位置超出了定义域，就对其进行调整
        for j = 1: narvs
            if x_new(j) < x_lb(j)
                r = rand(1);
                x_new(j) = r*x_lb(j)+(1–r)*x0(j);
            elseif x_new(j) > x_ub(j)
```

```
                    r = rand(1);
                    x_new(j) = r*x_ub(j)+(1-r)*x0(j);
            end
        end
        x1 = x_new;                    % 将调整后的 x_new 赋值给新解 x1
        y1 = 11*sin(x1) + 7*cos(5*x1);% 计算新解的函数值
        if y1 > y0                     % 如果新解函数值大于当前解的函数值
            x0 = x1;                   % 更新当前解为新解
            y0 = y1;
        else
            p = exp(- (y0 - y1)/T);    % 根据 Metropolis 准则计算一个概率
            if rand(1) < p    % 生成一个随机数和这个概率比较，如果该随
机数小于这个概率
                x0 = x1;               % 更新当前解为新解
                y0 = y1;
            end
        end
        % 判断是否要更新找到的最佳的解
        if y0 > max_y      % 如果当前解更好，则对其进行更新
            max_y = y0;    % 更新最大的 y
            best_x = x0;   % 更新找到的最好的 x
        end
    end
    MAXY(iter) = max_y;    % 保存本轮外循环结束后找到的最大的 y
    T = alfa*T;            % 温度下降
    pause(0.01)            % 暂停一段时间(单位：秒)后再接着画图
    h.XData = x0;          % 更新散点图句柄的 x 轴的数据（此时解的位置
在图上发生了变化）
    h.YData = 11*sin(x0) + 7*cos(5*x0); % 更新散点图句柄的 y 轴的数据（此
时解的位置在图上发生了变化）
end
disp('最佳的位置是：'); disp(best_x);
```

disp('此时最优值是：'); disp(max_y);

pause(0.5)；

h.XData = [];　h.YData = [];　　　% 将原来的散点删除

scatter(best_x,max_y,'*r');　　　　% 在最大值处重新标上散点

title(['模拟退火找到的最大值为', num2str(max_y)])；% 加上图的标题

%% 画出每次迭代后找到的最大 y 的图形

Figure;

plot(1:maxgen,MAXY,'b-');

xlabel('迭代次数');

ylabel('y 的值');

toc；

例 3.2　旅行商希望在 N 个城市进行一次巡回旅行，可以恰好访问每一个城市一次，并且最终回到出发城市[11]，并且要使得这次巡回旅行的总消耗（总距离或总花销等）最小，如何求这个路线？本章给出一个具体的实例，并通过模拟退火算法在 Matlab 中进行编程来解决，得到具体的路线图如图 3.4 所示。具体的城市坐标为 [565，575；25，185；345，750；945，685；845，355；880，460；25，230；525，1000；580，1175；650，1130；1605，620；1220，580；1465，200；1530，5；845，680；725，370]。

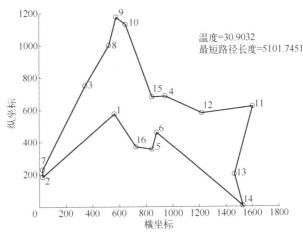

图 3.4　最短路线图

Matlab 源程序如下：

data=[565,575;25,185;345,750;945,685;845,355;880,460;25,230;525,1000;580,

```matlab
1175;650,1130;1605,620;1220,580;1465,200;1530,5;845,680;725,370];
    num_city = size(data,1);
    Initial_temp = 1000;
    res = 1e-3;                                  % 最低温度限制
    ratio = 0.9;                                 % 降温参数，控制温度的下降
    temperature = Initial_temp;
    Markov_length = 1000;                        % 改变解的次数
    Distance_matrix = pdist2(data,data);         % 矩阵的形式存储城市之间的距离
    route_new = randperm(num_city);             % 新产生的解路线
    Energy_current = inf;                        % 当前解的能量
    Energy_best = inf;                           % 最优解的能量
    route_current = route_new;                   % 当前解路线
    route_best = route_new;                      % 最优解路线
    pic_num = 1;

    % 外层 while 循环控制降温过程，内层 for 循环控制新解的产生。
    while temperature > res
        Energy1=Energy_best;                     % 用于控制循环的结束条件
        for i = 1: Markov_length
            % 产生新解(对当前解添加扰动)
            if rand >0.5
                % 两点交换
                a = 0;
                b = 0;
                while (a==b)
                    a = ceil(rand*num_city);
                    b = ceil(rand*num_city);
                end
                temp = route_new(a);
                route_new(a) = route_new(b);
                route_new(b) = temp;
```

```
    else
        % 三变化
        factor = randperm(num_city,3);
        factor = sort(factor);          % 对三个元素排序，a<b<c
        a = factor(1);
        b = factor(2);
        c = factor(3);
        temp = route_new(a:b);
        route_new(a:a+c-b-1) = route_new(b+1:c);
        route_new(a+c-b:c) = temp;
    end


    Energy_new = 0;     %计算该条路线的总距离
    for j=1:num_city-1
        Energy_new=Energy_new+Distance_matrix(route_new(j),route_new(j+1));
    end
    % 回到起始点，加上首尾两个城市的距离
    Energy_new = Energy_new+Distance_matrix(route_new(1),route_new
(num_city));


    % 按照 Metropolis 准则接受新解
    if Energy_new<Energy_current
        % 更新局部最优
        Energy_current = Energy_new;
        route_current = route_new;

        % 更新全局最优
        if Energy_new<Energy_best
            Energy_best=Energy_new;
            route_best = route_new;
        end
```

```
        else
            if rand<exp(- (Energy_new-Energy_current)/temperature)
                Energy_current = Energy_new;
                route_current = route_new;
            else
                route_new = route_current; % 否则路线不更新，保存更改之
前的路线
            end

        end

    end

    %plots
    items = [route_new,route_new(1)];          % 从最后一个城市回到起始城市

    scatter(data(route_new,1),data(route_new,2));
    for i=1:length(route_new)
        text(data(route_new(i),1),data(route_new(i),2),num2str(items(i)));
    end

    hold on;
    plot(data(items,1),data(items,2),'b-');
    text(1200,1000,['Temp=',num2str(temperature)]);
    text(1200,950,['Distance=',num2str(Energy_best)]);
    drawnow;
    F=getframe(gcf);
    I=frame2im(F);
    [I,map]=rgb2ind(I,256);
    if pic_num == 1
        imwrite(I,map,'TSP.gif','gif', 'Loopcount',inf,'DelayTime',2);
    else
```

```
        imwrite(I,map,'TSP.gif','gif','WriteMode','append','DelayTime',2);
    end
    hold off;
    title('SA Algorithm for TSP problem');
    xlabel('X coordinate');
    ylabel('Y coordinate');
    pic_num = pic_num + 1;

    if Energy1==Energy_best&&Energy_current==Energy_best
        break;
    else
        temperature = temperature*ratio; %降温过程
    end
end
%Energy_best:最短路径。route_best:最短路径对应的最优距离（不唯一）
disp('The best route is:');disp([route_best,route_best(1)]);
disp(['The smallest distance:',num2str(round(Energy_best,8))]);
```

参考文献

［1］陈华根，吴健生，王家林，等. 模拟退火算法机理研究［J］. 同济大学学报（自然科学版），2004（6）：802-
805.

［2］卢宇婷，林禹攸，彭乔姿，等. 模拟退火算法改进综述及参数探究［J］. 大学数学，2015，31（6）：96-103.

［3］蒋龙聪，刘江平. 模拟退火算法及其改进［J］. 工程地球物理学报，2007（2）：135-140.

［4］SATO A K，DE CASTRO MARTINS T，DE SALES GUERRA TSUZUKI M. A simulated annealing based algorithm
with collision free region for the irregular shape packing problem［J］. IFAC Proceedings Volumes，2011，44（1）：
3968-3973.

［5］LIU X，LI P，MENG F，et al. Simulated annealing for optimization of graphs and sequences［J］. Neurocomputing，
2021，465：310-324.

［6］DONG X，LIN Q，SHEN F，et al. A novel hybrid simulated annealing algorithm for colored bottleneck traveling
salesman problem［J］. Swarm and Evolutionary Computation，2023，83：101406.

［7］ ALCÁNTAR V，LEDESMA S，ACEVES S M，et al. Optimization of type Ⅲ pressure vessels using genetic algorithm and simulated annealing［J］. International Journal of Hydrogen Energy，2017，42（31）：20125-20132.

［8］ 褚鼎立，陈红，王旭光. 基于自适应权重和模拟退火的鲸鱼优化算法［J］. 电子学报，2019，47（5）：992-999.

［9］ KHAH N K F，SALEHI B，KIANOUSH P，et al. Estimating elastic properties of sediments by pseudo-wells generation utilizing simulated annealing optimization method［J］. Results in Earth Sciences，2024，2：100024.

［10］ RUBIO-GARCÍA Á，FERNÁNDEZ-LORENZO S，GARCÍA-RIPOLL J J，et al. Accurate solution of the index tracking problem with a hybrid simulated annealing algorithm［J］. Physica A：Statistical Mechanics and Its Applications，2024，639：129637.

［11］ 高海昌，冯博琴，朱利. 智能优化算法求解 TSP 问题［J］. 控制与决策，2006（3）：241-247，252.

第4章

禁忌搜索算法

4.1 引言

禁忌搜索算法（tabu search，TS）[1]是由美国科罗拉多州大学的 Fred Glover 教授在 1986 年左右提出来的，是一个用来跳出局部最优的搜寻方法。TS 是一种亚启发式随机搜索算法，它从一个初始可行解出发，选择一系列的特定搜索方向（移动）作为试探，选择让特定的目标函数值变化最多的方向（移动）。为了避免陷入局部最优解，TS 采用了一种灵活的"记忆"技术，对已经进行的优化过程进行记录和选择，以指导下一步的搜索方向，这就是 Tabu（禁忌）表的建立。TS 是人工智能的一种体现，是局部领域搜索的一种扩展。禁忌搜索是在邻域搜索的基础上，通过设置禁忌表来禁忌一些已经历的操作，并利用特赦规则来奖励一些优良状态，其中涉及邻域、禁忌表、禁忌长度、候选解、特赦规则等影响禁忌搜索算法性能的关键因素。迄今为止，TS 算法在组合优化等计算机领域取得了很大的成功，近年来又在函数全局优化方面得到较多的研究，并大有发展趋势[2]。

4.2 禁忌搜索算法理论

4.2.1 禁忌搜索算法的发展历程

（1）历程一：爬山算法

爬山算法从当前的节点开始，和邻域节点的值进行比较。如果当前节点的值是最大的，那么返回当前节点，作为最大值（即山峰最高点）；反之就用最高的邻域节点来替换当前节点，从而实现向山峰的高处攀爬的目的。如此循环直到达到最高点。因为不是全面搜索，所以结果可能不是最佳。

（2）历程二：局部搜索算法

局部搜索算法是从爬山算法改进而来的。局部搜索算法的基本思想是，在搜索过程中，始终选择向当前点的邻域中离目标最近者的方向搜索。同样，局部搜索得到的解不一定是最优解。

（3）历程三：禁忌搜索算法

若想找到全局最优解，就不应该执着于某一个特定的区域。于是人们对局部搜索算法进行了改进，得出了禁忌搜索算法。下面是一个具体的例子。为了找出地球上最高的山，一群有志气的兔子们开始想办法。

① 爬山算法：兔子朝着比现在高的地方跳去，它们找到了不远处的最高山峰。但是这座山不一定是珠穆朗玛峰。这就是爬山法，它不能保证局部最优值就是全局最优值。

② 禁忌搜索算法：兔子们知道一只兔子的力量是渺小的，于是它们便互相转告哪里的山已经找过，并且找过的每一座山它们都留下一只兔子做记号。它们制定了下一步去哪里寻找的策略，这就是禁忌搜索算法。

4.2.2　禁忌搜索算法的优化过程

该算法标记已经解得的局部最优解或求解过程，并在进一步的迭代中避开这些局部最优解或求解过程。局部搜索的缺点在于太过集中于对某一局部区域以及其邻域的搜索，导致一叶障目。为了找到全局最优解，禁忌搜索算法就是对于找到的一部分局部最优解有意识地避开，从而获得更多的搜索区域。以上面那个例子为例，兔子们找到了泰山，它们之中的一只就会留守在这里，其他的再去别的地方寻找。就这样，一大圈后，把找到的几座山峰一比较，珠穆朗玛峰脱颖而出。

4.2.3　禁忌搜索算法的特点

禁忌搜索算法是一种有效的全局优化技术，它通过使用记忆结构来避免陷入局部最优，并尝试探索更大的搜索空间。禁忌搜索算法的主要特点如下。

① 记忆功能：禁忌搜索算法利用禁忌表记录历史搜索信息，这有助于算法记

忆之前的移动，避免重复探索已知的局部最优区域。

灵活的搜索机制：算法可以灵活地在全局搜索和局部搜索之间转换，并根据禁忌表和启发式规则调整搜索策略。

② 逃逸局部最优：通过允许某些禁忌动作的执行（如果满足特定的准则，如具有"吸引力"的更优解），算法能够跳出局部最优解，增加发现全局最优解的可能性。

③ 动态更新规则：禁忌状态的持续时间和条件可以动态调整，依据问题的复杂性和搜索过程中的需求变化。

禁忌搜索可以与其他启发式算法如遗传算法[3]、粒子群优化算法和模拟退火算法等结合，形成混合启发式算法。这种算法组合可以相互补充，利用各自的优点来达到更优的搜索效果。例如，禁忌搜索算法可以用于提供高质量的初始解给遗传算法，或者用来细化遗传算法中的局部搜索部分。这些优势使得禁忌搜索算法不仅是一个强大的独立优化工具，而且是多种算法组合中的重要组成部分，特别适合用于那些传统算法难以解决的复杂和多变的优化问题[4]。

4.2.4　禁忌搜索算法的改进方向

在当前的研究背景下，禁忌搜索算法作为一种强大的优化工具，已被广泛应用于解决各种复杂的优化问题。然而，随着技术的发展和应用需求的增长，对禁忌搜索算法的改进也成为了一个重要的研究方向[5-8]。以下是几个主要的改进方向。

① 增强记忆和学习机制：目前禁忌搜索算法主要通过禁忌表来避免重复搜索，但这种机制相对简单。未来的研究可以集中在如何使禁忌搜索算法具有更复杂的记忆和更强的学习能力，比如通过采用机器学习技术来预测哪些移动可能导致更优的结果，或者自动调整搜索策略以适应不同的问题环境。

② 改进禁忌表的管理：禁忌表的管理是禁忌搜索算法的核心部分，更有效地管理禁忌表，例如动态调整禁忌周期、根据搜索状态调整禁忌条件等，都是潜在的改进方向。改进的禁忌表管理可以使算法更加灵活，更好地适应不同的问题和变化的环境。

③ 算法的并行化和扩展性：随着计算技术的进步，利用并行计算资源来提升禁忌搜索算法的性能是一个有前景的方向。通过设计能够在多核处理器或分布式计算环境中并行运行的禁忌搜索算法，可以显著加快大规模问题的求解速度。

④ 混合算法的开发：将禁忌搜索与其他优化算法结合，形成混合算法，是一个非常活跃的研究领域。例如，结合禁忌搜索算法的全局搜索能力和遗传算法的种群演化特性，可以开发出新的混合算法，以期达到更高的优化效率和更好的解质量。

⑤ 适应更多类型的优化问题：尽管禁忌搜索已被应用于许多类型的优化问题，但仍有潜力扩展到更多新的领域或特定类型的问题。研究如何调整和优化禁忌搜索算法以满足这些新领域的特殊需求，是一个重要的发展方向。

4.3　禁忌搜索算法流程

4.3.1　关键参数说明

① 邻域。邻域定义了从当前解可以直接到达的所有解的集合。在距离空间中，邻域一般被定义为以给定点为圆心的一个圆；而在组合优化问题中，邻域一般定义为由给定转化规则对给定的问题域上每节点进行转化所得到的问题域上节点的集合。在算法中，通过对当前解进行小的修改（如交换、替换等操作）来生成新的解，这些新的解构成了邻域，选择合适的邻域对算法的性能至关重要。

② 邻域结构。邻域结构指的是定义邻域的方式，即如何从当前解生成新的候选解。这个结构可以基于问题的特性来设计，常见的有交换、位移、逆序等操作。

③ 禁忌表。包括禁忌对象和禁忌长度。用于存储最近进行过的操作或访问过的解，以避免算法在近期内重复这些操作或回到这些解，帮助算法跳出局部最优解，探索更广泛的搜索空间。

④ 禁忌对象。禁忌对象指那些被暂时禁止访问或修改的解的部分或特定操作。禁忌搜索算法中，我们要避免一些操作的重复进行，就要将一些元素放到禁忌表中以禁止对这些元素进行操作，这些元素就是禁忌对象。

⑤ 禁忌长度。禁忌长度是禁忌对象不被允许选取的迭代次数。禁忌长度过短容易出现循环，跳不出局部最优，长度过长会造成计算时间过长。

⑥ 候选集合。候选集合由邻域中的元素组成。在每一步算法都生成多个候选解，并从中选择一个最优的或合适的解作为下一步的当前解。候选集合通常是通过在当前解的邻域内搜索生成的。

⑦ 评价函数。评价函数是候选集合的元素选取的一个评价公式，候选集合的元素通过评价函数值来选取。以目标函数作为评价函数是比较容易理解的，目标函

数值是一个非常直观的指标，但有时为了方便或易于计算，会采用其他函数来取代目标函数。

⑧ 特赦规则。特赦规则允许某些被标记为禁忌的操作在特定条件下执行。通常，如果一个禁忌操作产生的解比当前已知的最优解还要好，那么即使这个操作在禁忌表中也可以被执行。在这样的情况下，为了达到全局最优，我们会让一些禁忌对象重新可选。这种方法称为特赦，相应的规则称为特赦规则。以兔子爬山为例，如果在搜索的过程中，留守泰山的兔子还没有归队，但是找到的地方全是比较低的地方，兔子们就不得不再次考虑选中泰山，也就是说，当一个有兔子留守的地方优越性太突出，超过了"best so far"（算法迄今为止遇到的最优解）的状态，就可以不顾及有没有兔子留守，都把这个地方考虑进来，这就叫特赦规则。

⑨ 终止规则。终止规则定义了算法停止的条件，常见的终止条件包括达到预定的迭代次数、达到运行时间、找到足够优的解或解的质量不再有显著改进。

4.3.2　禁忌搜索算法流程

算法的整体思路如下[9-10]：

① 选择初始解：利用贪婪算法等局部搜索算法从可能的解空间中随机选择一个初始解作为起点。

② 设置禁忌表：创建一个空的禁忌表，用于存放那些暂时不应再被考虑的解或移动。

③ 定义最优解：记录当前最优解，初始时即为初始解。

迭代过程：每一次迭代中，算法执行步骤④～⑧。

④ 生成邻域解：基于当前解，通过小的修改（如交换、替换等操作）生成一系列邻域解。

⑤ 评估并选择最优邻域解：评估生成的每一个邻域解的质量（根据目标函数），将其与当前最好解（即搜索算法从开始到现在找到的最好解）进行比较，如果优于当前最好解，那么就不考虑其是否被禁忌，用这个最好的候选解来更新当前最好解，并且作为下一个迭代的当前解，然后将对应的操作加入禁忌表；如果不优于当前最好解，就从所有候选解中选出不在禁忌状态下的最好解作为新的当前解，然后将对应操作加入禁忌表。

⑥ 更新禁忌表：将选定的移动（例如交换的位置或更改的值）添加到禁忌表中，并从表中移除过期的禁忌记录。

⑦ 更新当前解和最优解：如果选定的邻域解优于当前解，则更新当前解；如果此邻域解优于已知的最优解，则更新最优解。

⑧ 判断终止条件：若满足终止条件，则立即停止并输出当前最好解；否则继续搜索。一般终止条件为到达一定的迭代次数、达到了一个时间限制或者在一定数量的连续迭代中没有找到更好的解，若满足终止条件，则停止搜索。

⑨ 输出结果：算法输出当前的最优解，这通常被认为是给定问题的最佳解。

禁忌搜索算法通过其独特的记忆和回避机制，能有效地避免算法陷入局部最优解，提高找到全局最优解的可能性。其核心思想是在保留历史搜索信息的同时，适当地允许对某些优质解的重访，从而平衡搜索的广度和深度。

算法流程图如图 4.1 所示。

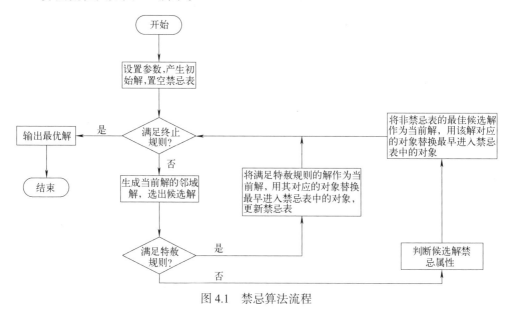

图 4.1　禁忌算法流程

4.4　实例推导与仿真

例 4.1　旅行商问题。假设有一个旅行商人要拜访 52 个城市，他需要选择要走的路径，路径的限制是每个城市只能拜访一次，而且最后要回到原来出发的城市。路径的选择要求是：所选路径的路程成为所有路径的路程之中的最小值。52 个城市的位置坐标随机生成。

具体的解题思路如下：

① 生成城市坐标：首先，生成指定数量的随机城市坐标。

② 初始化当前解：随机生成一个城市序列作为初始解，并计算初始解的总成本。

③ 设置 Tabu 搜索参数：初始化禁忌表、禁忌表的大小、最大迭代次数以及每次迭代生成的邻域数量。

④ 记录最优解历史：创建一个数组来记录每次迭代中最优解的成本。

⑤ 主搜索循环：进行最大迭代次数的循环，在每次迭代中，生成当前解的邻域解，并选择最佳的邻域解。更新当前解为选定的最佳邻域解。如果新解的成本更低，则更新最佳解和最佳成本。更新禁忌表，以记录当前解，并确保禁忌表不超过设定的大小。

⑥ 绘制最优解路径图：在结束后，绘制出找到的最优路径图，如图 4.2 所示。

⑦ 绘制成本变化图：绘制出适应度进化曲线，如图 4.3 所示。

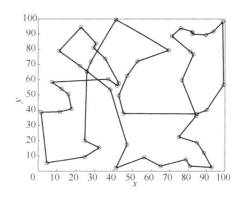

图 4.2　最优路径图

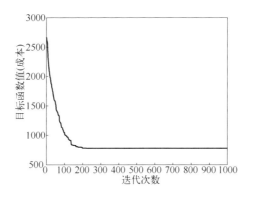

图 4.3　适应度进化曲线

Matlab 源程序如下：

```
function tsp_tabu_search()
% 生成城市坐标
numCities = 52;
cityLocations = generateCities(numCities);
% 初始解（随机排列）
```

```
currentTour = randperm(numCities); % 随机生成一个城市序列作为初始解
bestTour = currentTour; % 初始最佳解即为当前解
bestCost = calculateTourLength(currentTour, cityLocations); % 计算初始解的总
成本
% 禁忌搜索参数设置
tabuList = []; % 初始化禁忌表为空
tabuListSize = 50; % 设置禁忌表的大小
maxIter = 1000; % 设置最大迭代次数
numNeighbors = 100;    % 每次生成的邻域数量
% 记录最优解历史
bestCostHistory = zeros(1, maxIter); % 初始化记录最佳成本的历史数组
bestCostHistory(1) = bestCost; % 记录初始最佳成本
% 主搜索循环
for k = 1:maxIter
    [nextTour, nextCost] = generateNeighbors(currentTour, numNeighbors,
cityLocations, tabuList, bestCost);
    % 更新当前解
    currentTour = nextTour; % 更新当前解为最佳邻域
    if nextCost < bestCost    % 如果新解的成本更低，则更新最佳解
        bestTour = nextTour;
         bestCost = nextCost;
        end
        % 更新禁忌表
        updateTabuList(tabuList, currentTour, tabuListSize); % 更新禁忌表以记
录当前解
        % 记录最佳成本
        bestCostHistory(k) = bestCost; % 记录当前迭代的最佳成本
        fprintf('Iteration %d: Best Cost = %.2f\n', k, bestCost); % 打印当前迭代
的最佳成本
    end
    % 绘制最优解的路径图
    plotTour(bestTour, cityLocations); % 绘制最优路径图
```

```matlab
    % 绘制成本随迭代变化的图
    figure;
    plot(bestCostHistory);
    title('适应度进化曲线');
    xlabel('迭代次数');
    ylabel('目标函数值（成本）');
end
function cityLocations = generateCities(numCities)
    % 生成随机城市位置
    cityLocations = 100 * rand(numCities, 2); % 生成 numCities 个随机城市坐
标，乘以 100 以获得更大范围的坐标
end
function length = calculateTourLength(tour, cityLocations)
    % 计算给定路径的总距离
    length = 0;
    [~,n] = size(tour); % 获取路径长度
    for i = 1:n – 1
        length=length+norm(cityLocations(tour(i),:)- cityLocations(tour(i+1), :)); %
计算相邻城市间的距离并累加
    end
    length = length + norm(cityLocations(tour(end), :) - cityLocations(tour(1), :)); %
计算最后一个城市到起始城市的距离并累加
end
function [bestNeighbor, bestNeighborCost] = generateNeighbors(currentTour,
numNeighbors, cityLocations, tabuList, bestCost)
    % 生成并选择最佳的邻域解
    bestNeighbor = currentTour; % 初始化最佳邻域为当前解
    bestNeighborCost = calculateTourLength(currentTour, cityLocations); % 初始
化最佳邻域成本为当前解成本
    for n = 1:numNeighbors
        % 随机选择两个城市交换
```

```matlab
            i = randi(numel(currentTour)); % 随机选择第一个城市索引
            j = randi(numel(currentTour)); % 随机选择第二个城市索引
            newTour = currentTour; % 创建新路径的副本
            newTour([i j]) = newTour([j i]); % 交换两个城市的位置
            % 计算新路径的成本
            newCost = calculateTourLength(newTour, cityLocations);
            % 检查是否为最佳邻域且并非禁忌
            if ((newCost < bestNeighborCost && any(~ismember(newTour, tabuList))) ||
newCost < bestCost)
                bestNeighbor = newTour; % 更新最佳邻域
                bestNeighborCost = newCost; % 更新最佳邻域成本
            end
        end
        return; % 注意：Matlab 中函数不需要显示 return 语句，它会返回最后计
算的值
    end
    function updateTabuList(tabuList, tour, maxSize)
        % 更新禁忌表
        tabuList{end+1} = tour; % 将当前路径添加到禁忌表
        if length(tabuList) > maxSize % 如果禁忌表长度超过最大值
            tabuList(1) = []; % 删除禁忌表中的第一个元素
        end
    end
    function plotTour(tour, cityLocations)
        % 绘制路径图
        figure;
        plot(cityLocations(:, 1), cityLocations(:, 2), 'o'); % 绘制所有城市
        hold on;
        for i = 1:length(tour)-1
            % 绘制城市之间的连线
            line([cityLocations(tour(i), 1) cityLocations(tour(i+1), 1)], ...
                [cityLocations(tour(i), 2) cityLocations(tour(i+1), 2)], 'Color', 'b');
```

```
end
% 连接首尾城市
line([cityLocations(tour(end), 1) cityLocations(tour(1), 1)], ...
    [cityLocations(tour(end), 2) cityLocations(tour(1), 2)], 'Color', 'b');
hold off;
title('最优路径'); % 图形标题
xlabel('X 轴'); % X 轴标签
ylabel('Y 轴'); % Y 轴标签
```

end

例 4.2　求有多个局部极值函数的最大值。求函数 $f(x,y)=[\cos(x^2+y^2)-0.1]/[1+0.3(x^2+y^2)^2]$ 的最大值，其中，x 的取值范围为[-5，5]，y 的取值范围为[-5，5]。这是一个有多个局部极值的函数。

推导如下。

参数初始化后，随机生成一个初始解

（禁忌表大小代码中为 50，为了方便看出迭代过程改为 5）

随机选择一个初始解，并计算其适应度值

currentX=-3.2516　currentY=-3.0998

bestX=current=-3.2516　bestY=currentY=-3.0998

代入函数 $f(x,y)=[\cos(x^2+y^2)-0.1]/[1+0.3(x^2+y^2)^2]$

bestF=0.0011

记录历史最优值，初始化数组并记录第一次迭代的最优值（在 1 行 maxIter 列矩阵）

1×500 矩阵 [0.0011 0……0]

第一次循环 k=1

生成邻域解，通过在当前解附近随机生成点来创建邻域

currentX=-3.2516，currentY=-3.0998

每次迭代的邻域数：numNeighbors=30

1×30 矩阵

neighborsX：[-3.4994……-4.0750]

neighborsY：[-3.7489…….-3.4833]

选择最佳邻域，从邻域中选择一个最优的解，同时考虑禁忌列表；检查邻域是否在禁忌列表中，或者它的目标函数值是否能够打破当前最优记录；如果邻域解更

优，则更新最佳邻域解

　　for i=1：length(neighborsX)

　　i=1　bestX=neighborsX(i)= −3.4994　bestY=neighborsY(i)= −3.7489

　　bestF=0.0014

　　……

　　i=30　bestX=neighborsX(i)= −2.7244　bestY=neighborsY(i)= −2.2065

　　bestF=0.0186

　　跳出循环

　　currentX=−2.7244　currentY=−2.2065　currentF=0.0186

　　更新禁忌表和全局最优解

　　tabuList:5×2 矩阵 $[-2.7244\ -2.6065;0\ 0;0\ 0;0\ 0;0\ 0]$

　　bestX=curentX=−2.7244

　　bestY=curentY=−2.2065

　　bestF=current=0.0186

　　记录最优值历史，将当前迭代的最优值记录到历史数组中

　　bestFHistory(k)=bestF

　　1×500 矩阵 $[0.0186\ 0\ 0……0]$

　　第二次循环 k=2

　　更新禁忌表和全局最优解

　　tabuList：5×2 矩阵 $[-2.7244\ -2.6065,\ -2.1003\ -1.4306;0\ 0;0\ 0;0\ 0]$

　　bestX=curentX=−2.1003

　　bestY=curentY=−1.4306

　　bestF=current=0.0665

　　记录最优值历史，将当前迭代的最优值记录到历史数组中

　　1×500 矩阵 $[0.0186\ 0.0665\ 0……0]$

　　第五次循环 k=5（只对比禁忌表变化）

　　tabuList：$[-2.7244\quad -2.6065;-2.1003\quad -1.4306;\ -1.8450\quad -1.5976;\ -2.2162$
$-1.0874;-2.1274\quad -1.2082]$

　　第六次循环 k=6（只对比禁忌表变化）

　　tabuList：$[-2.1003\quad -1.4306;-1.8450\quad -1.5976;-2.2162\quad -1.0874;-2.1274$
$-1.2082;-1.1939\quad -2.183]$

　　第五百次循环 k=500

　　历史最优值

$$[\ 0.0186\ 0.0665\ 0.0728\ 0.0728\ldots\ldots0.9000\ 0.9000\ ]$$

输出最优值 0.9000

具体的解题思路如下。

① 目标函数定义：使用匿名函数定义一个多模态的目标函数，使用该函数计算两个变量 x 和 y 的适应度值。

② 初始化参数：设置变量的搜索范围、最大迭代次数、禁忌表、禁忌表大小和每次迭代生成的邻域数。

③ 随机选择初始解：在 x 和 y 的搜索范围内随机选择初始解，并计算其目标函数值。

④ 记录历史最优值：初始化一个数组来记录每次迭代过程中的最优目标函数值。

⑤ 主搜索循环：进行最大迭代次数的循环，每次迭代中执行以下步骤。

生成邻域解：在当前解的邻域内随机生成一系列邻域解。

选择最佳邻域：从邻域解中选择一个最优的解，同时考虑该解是否在禁忌表中或能否打破当前最优记录。

更新禁忌表：将当前解添加到禁忌表中，并确保禁忌表的大小不超过预设的限制。

更新全局最优解：如果新选择的邻域解比当前记录的最优解更优，则更新全局最优解。

⑥ 记录最优值历史：在每次迭代后，更新记录具有最优目标函数值的数组。

⑦ 显示当前最优值：在每次迭代结束时，打印出当前迭代的最优目标函数值

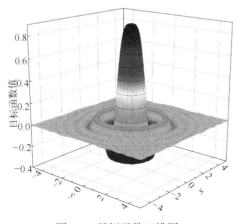

图 4.4　目标函数三维图

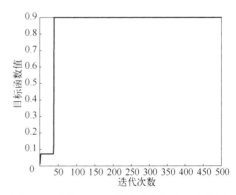

图 4.5　最优目标函数值随迭代次数变化图

及其对应的 x 和 y 值。

⑧ 绘制目标函数的三维图形：使用 meshgrid 创建 x 和 y 的网格点。计算网格点上的目标函数值，并使用 surf 函数绘制出目标函数的三维图形。在三维图形上标记出最终找到的最优解，如图 4.4 所示。

⑨ 绘制最优值随迭代变化的图形：使用 plot 函数绘制最优目标函数值随迭代次数变化的图形，如图 4.5 所示。

Matlab 源程序如下：

```
function tabu_search_multimodal()
    % 目标函数定义，采用特定的数学公式来计算给定 x 和 y 的适应度值
    objectiveFunction = @(x, y) (cos(x.^2 + y.^2) -0.1) ./ (1 + 0.3 * (x.^2 + y.^2).^2);
    % 初始化参数，包括搜索范围、迭代次数、禁忌表、禁忌表大小和邻域数
    xRange = [-5, 5]; % x 的搜索范围
    yRange = [-5, 5]; % y 的搜索范围
    maxIter = 500;       % 最大迭代次数
    tabuList = [];       % 初始化禁忌表为空
    tabuSize = 50;       % 禁忌表大小
    numNeighbors = 30; % 每次迭代的邻域数
    % 随机选择一个初始解，并计算其适应度值
    currentX = rand() * (xRange(2) -xRange(1)) + xRange(1);
    currentY = rand() * (yRange(2) -yRange(1)) + yRange(1);
    bestX = currentX;
    bestY = currentY;
    bestF = objectiveFunction(currentX, currentY);
    % 记录历史最优值，初始化数组并记录第一次迭代的最优值
    bestFHistory = zeros(1, maxIter);
    bestFHistory(1) = bestF;
    % 主搜索循环，通过迭代寻找更优解
    for k = 1:maxIter
        % 生成邻域解，通过在当前解附近随机生成点来创建邻域
        [neighborsX, neighborsY] = generateNeighbors(currentX, currentY, numNeighbors, xRange, yRange);
        % 选择最佳邻域，从邻域中选择一个最优的解，同时考虑禁忌表
```

```
        [currentX,  currentY,  currentF]  =  chooseBestNeighbor(neighborsX,
neighborsY, objectiveFunction, tabuList, bestF);
        % 更新禁忌表，添加当前解并确保禁忌表不超限制
        tabuList = updateTabuList(tabuList, [currentX, currentY], tabuSize);
        % 更新全局最优解，如果当前解更优，则更新最佳解
        if currentF > bestF
            bestX = currentX;
            bestY = currentY;
            bestF = currentF;
        end
        % 记录最优值历史，将当前迭代的最优值记录到历史数组中
        bestFHistory(k) = bestF;

        % 显示当前最优值，输出当前迭代和对应的最优值
        fprintf('Iteration %d: Best Value = %.4f at (%.4f, %.4f)\n', k, bestF, bestX,
bestY);
    end
    % 绘制最优值随迭代变化的图形，展示最优解的历史变化
    figure;
    plot(bestFHistory);
    title('最优目标函数值随迭代变化');
    xlabel('迭代次数');
    ylabel('目标函数值');
    % 绘制目标函数的三维图形，展示函数在定义域内的形状
    [X, Y] = meshgrid(linspace(xRange(1), xRange(2), 100), linspace(yRange(1),
yRange(2), 100));
    Z = arrayfun(@(x, y) objectiveFunction(x, y), X, Y)'; % 计算网格点上的目标
函数值
    figure;
    surf(X, Y, Z); % 绘制三维图形
    hold on;
    plot3(bestX, bestY, bestF, 'r*', 'MarkerSize', 10, 'LineWidth', 2); % 标记最优解
```

```matlab
        title('目标函数三维图形');
        xlabel('x');
        ylabel('y');
        zlabel('目标函数值');
        colorbar; % 显示颜色条
        shading interp; % 平滑着色
        hold off;
    end
    function [neighborsX, neighborsY] = generateNeighbors(currentX, currentY, numNeighbors, xRange, yRange)
        % 随机生成邻域解，通过在当前解附近随机选择点来创建邻域
        stepSizeX = (xRange(2) – xRange(1)) / 10;
        stepSizeY = (yRange(2) –yRange(1)) / 10;
        neighborsX = currentX + (rand(1, numNeighbors) – 0.5) * 2 * stepSizeX;
        neighborsY = currentY + (rand(1, numNeighbors) – 0.5) * 2 * stepSizeY;
        % 保持邻域解在搜索范围内
        neighborsX = max(min(neighborsX, xRange(2)), xRange(1));
        neighborsY = max(min(neighborsY, yRange(2)), yRange(1));
    end
    function [bestX, bestY, bestF] = chooseBestNeighbor(neighborsX, neighborsY, objectiveFunction, tabuList, bestF)
        % 选择最佳邻域，从邻域中选择一个最优的解，同时考虑禁忌表
        bestX = [];
        bestY = [];
        bestF = –Inf; % 最大化问题，初始化为负无穷
        tabuList=zeros(1,2);
        for i = 1:length(neighborsX)
            % 检查邻域是否在禁忌表中，或者它的目标函数值是否能够打破当前最优记录
            if ~ismember([neighborsX(i), neighborsY(i)], tabuList, 'rows') || ...
                    objectiveFunction(neighborsX(i), neighborsY(i)) > bestF
                F = objectiveFunction(neighborsX(i), neighborsY(i));
```

```
        %  如果邻域解更优，则更新最佳邻域解
        if F > bestF
            bestX = neighborsX(i);
            bestY = neighborsY(i);
            bestF = F;
        end
    end
  end
end
function updatedTabuList = updateTabuList(tabuList, newElement, maxSize)
    %  更新禁忌表，添加新元素并确保禁忌表不超限制
    updatedTabuList = [tabuList; newElement];
    if size(updatedTabuList, 1) > maxSize
        updatedTabuList(1, :) = []; %  如果禁忌表超过限制，则移除最早的
元素
    end
end
```

参考文献

［1］ 黄学文，陈绍芬，周闰玉，等. 求解柔性作业车间调度问题的一种新邻域结构［J］. 系统工程理论与实践，
       2021，41（9）：2367-2378.

［2］ XIE J，LI X，GAO L，et al. A hybrid genetic tabu search algorithm for distributed flexible job shop scheduling
       problems［J］. Journal of Manufacturing Systems，2023，71：82-94.

［3］ GUO H，LIU J，WANG Y，et al. An improved genetic programming hyper-heuristic for the dynamic flexible job
       shop scheduling problem with reconfigurable manufacturing cells［J］. Journal of Manufacturing Systems，2024，
       74：252-263.

［4］ 唐琼，李翠，刘石洋. 基于禁忌搜索算法的生鲜农产品冷链物流配送路径优化研究［J］. 商业经济，2022
       （10）：55-56，65.

［5］ PENG B，WANG S，LIU D，et al. Solving the incremental graph drawing problem by multiple neighborhood
       solution-based tabu search algorithm［J］. Expert Systems with Applications，2024，237：121477.

[6] 管赛，熊禾根. 混合禁忌搜索的车间调度遗传算法研究 [J]. 智能计算机与应用，2023，13（5）：171-174.

[·7] SUN Z，BENLIC U，LI M，et al. Reinforcement learning based tabu search for the minimum load coloring problem [J]. Computers & Operations Research，2022，143：105745.

[8] 李梦龙，余明晖. 基于改进禁忌搜索算法的舰载机保障作业调度 [J]. 中国舰船研究，2018，13（5）：132-138.

[9] LIU X，CHEN J，WANG M，et al. A two-phase tabu search based evolutionary algorithm for the maximum diversity problem [J]. Discrete Optimization，2022，44：100613.

[10] ZHANG H，ZHANG K，CHEN Y，et al. Multi-objective two-level medical facility location problem and tabu search algorithm [J]. Information Sciences，2022，608：734-756.

第 5 章

蚁群优化算法

5.1 引言

蚁群优化算法（ant colony optimization， ACO）是一种基于群体智能的优化算法，灵感来源于蚂蚁在寻找食物时的行为。该算法模拟了蚂蚁信息素释放、觅食路径选择以及信息素挥发更新等行为，并通过合作与竞争的机制实现对问题的全局搜索和局部优化[1]。在蚁群优化算法中，蚂蚁以分布式的方式在解空间中移动，每只蚂蚁根据其所处位置的信息素浓度和启发式信息选择下一步的移动方向。随着蚂蚁的迭代搜索，信息素在路径上逐渐积累，最终导致更多蚂蚁选择经过信息素浓度高的路径，从而形成最优解的收敛。蚁群优化算法具有良好的鲁棒性和适应性，适用于解决各种组合优化、路径规划和调度等实际问题，在交通、通信、物流等领域取得了广泛的应用和研究[2]。

5.2 蚁群优化算法理论

5.2.1 蚁群觅食过程

蚁群优化算法中的蚁群觅食过程是该算法的核心部分,该部分模拟了蚂蚁在寻找食物时的行为。在觅食过程中,蚂蚁通过信息素释放、路径选择和信息素更新等行为相互作用,实现了对解空间的探索和优化[3]。

首先，蚁群中的每只蚂蚁都具有一定的感知和决策能力。当一只蚂蚁发现食物源时，它会沿着路径返回蚁巢，并在路径上释放信息素。释放的信息素浓度与食物的质量成正比，因此食物质量高的路径上的信息素浓度较高。接着，其他蚂蚁在搜索过程中会根据信息素浓度和启发式信息偏向于选择信息素浓度较高的路径。这种正反馈机制导致了信息素在路径上的积累，使得更多的蚂蚁倾向于选择信息素浓度高的路径，从而加速了最优解的收敛。同时，为了防止信息素过快地集中在某些路径上，导致过早收敛和陷入局部最优解，蚁群优化算法引入了信息素的挥发更新机制。信息素会随着时间的推移而逐渐挥发，使得路径上的信息素浓度得以更新，从而保持算法的多样性和提高全局搜索能力[4]。

5.2.2　蚁群优化算法的优化过程

蚁群优化算法是一种模拟蚂蚁群体行为进行优化的计算方法，源于对蚂蚁觅食行为的仿真和抽象[5]。在 ACO 中，蚁群体现为虚拟的智能体，每只蚂蚁通过感知环境、选择行动并与其他蚂蚁进行信息交流来达到优化目标。

ACO 的优化过程包括初始信息素分布、路径选择、信息素更新和解的更新等关键步骤。首先，在初始阶段，信息素分布由问题的特性和先验知识确定，为蚂蚁提供了探索解空间的初始条件。随后，蚂蚁根据信息素浓度和启发式信息在解空间中进行路径选择，以概率性的方式决定下一步的移动方向。在路径选择后，蚂蚁释放信息素，并在路径上更新信息素浓度，使得信息素在高质量路径上逐渐累积，引导其他蚂蚁更倾向于选择这些路径。同时，为了维持算法的多样性和提高全局搜索能力，信息素还会通过挥发机制逐渐减少，避免陷入局部最优解。

随着蚁群的迭代搜索，信息素的分布和路径选择逐渐趋于稳定，最终收敛于问题的最优解或近似最优解。ACO 通过模拟蚁群觅食过程的协作和竞争机制，实现了对复杂问题的高效优化，被广泛应用于组合优化、路径规划、调度等领域，展现出了良好的鲁棒性和适应性。

5.2.3　蚁群优化算法的特点

蚁群优化算法作为一种启发式优化算法，具有多方面的特点，包括分布式计算，具有自适应性、鲁棒性和全局搜索能力等[6]。

首先，蚁群优化算法体现了分布式计算的特点，通过大规模并行的蚂蚁个体在解空间中搜索最优解。每只蚂蚁以局部信息为基础进行决策，通过相互通信和信息共享实现全局优化目标，具有高度的并行性和灵活性。其次，蚁群优化算法表现出自适应性，在搜索过程中能够根据问题的特性和环境的变化调整搜索策略和路径选择，使得算法具有适应性和鲁棒性。蚂蚁个体通过信息素的更新和挥发机制不断调整搜索行为，以适应不同的问题域和搜索空间。此外，蚁群优化算法具有较强的鲁棒性，能够适用于复杂的问题和具有噪声干扰的环境。由于其分布式计算和具有自适应性的特点，蚁群优化算法能够快速适应问题的变化和噪声的干扰，保持搜索的稳定性和可靠性。最后，蚁群优化算法具有较强的全局搜索能力，能够在大范围的解空间中搜索到接近最优解的解决方案。通过信息素的正反馈和路径选择机制，蚂蚁个体能够有效地探索解空间，并在全局范围内搜索到高质量的解，具有较好的收敛性和优化性能。

综上所述，蚁群优化算法以其分布式计算，具有自适应性、鲁棒性和全局搜索能力等特点，在解决复杂优化问题和搜索最优解方面展现出显著的优势和潜力。

5.2.4　蚁群优化算法的改进方向

蚁群优化算法作为一种启发式优化算法，在不断地演化和发展中，面临着诸多挑战，且还有一定的改进空间。其改进方向主要包括性能提升、应用领域拓展、算法参数优化和多目标优化等[7]。

① 性能提升是蚁群优化算法改进的重要方向之一。通过引入更有效的路径选择策略、信息素更新机制和启发式信息等手段，提高算法的搜索效率和收敛速度，降低算法的时间复杂度和空间复杂度，以应对高维、大规模问题的挑战。

② 蚁群优化算法的应用领域拓展是一个值得关注的方向。除了传统的组合优化、路径规划等领域，还可以探索蚁群优化算法在动态优化、多智能体系统、深度学习等新兴领域的应用，进一步拓展算法的适用范围和提高算法解决能力。

③ 算法参数优化是改进蚁群优化算法的关键之一。对信息素挥发率、启发式信息权重、蚁群个体数量等参数进行优化和调整，可提高算法的稳定性和收敛性，增强算法对不同问题的适应能力和泛化能力。

④ 多目标优化是蚁群优化算法改进的重要方向之一。引入多目标优化算法、多层次的信息素更新机制、协同进化策略等手段，可实现多目标优化问题的有效求解，提高算法的解决能力和适用性。

蚁群优化算法在不断地演化和改进中，面临着诸多挑战和机遇。通过性能提升、应用领域拓展、算法参数优化和多目标优化等方面的改进，可以进一步提升蚁群优化算法的搜索能力和增强算法的应用效果，推动其在实际问题中的广泛应用和发展。

5.3 蚁群优化算法流程

我们以求解 n 个城市的 TSP[8]为例说明蚁群优化算法的求解流程。对于其他问题，对此稍作修改便可应用。首先引进下列符号：设 m 是蚁群中蚂蚁的数量；$d_{ij}(i,$ $j=1，2，\cdots，n)$ 表示城市 i 和城市 j 之间的距离；$b_i(t)$ 表示 t 时刻位于城市 i 的蚂蚁的个数，$m=\sum_{i=1}^{n}b_i(t)$；$\tau_{ij}(t)$ 表示 t 时刻在 ij（表示城市 i 与城市 j 之间的路径）上残留的信息素浓度，初始时刻各条路径上信息素浓度相等，设 $\tau_{ij}(0)=C$（C 为常数）；蚂蚁 k（$k=1，2，\cdots，m$）在运动过程中，根据各条路径上的信息素浓度决定转移方向，$P_{ij}^k(t)$ 表示在 t 时刻蚂蚁 k 由位置 i 转移到位置 j 的概率。

$$P_{ij}^k(t)=\begin{cases}\dfrac{\tau_{ij}^\alpha(t)\eta_{ij}^\beta(t)}{\sum_{s\in\text{allowed}^k}\tau_{is}^\alpha(t)\eta_{is}^\beta(t)}, & j\in\text{allowed}^k \\ 0 & ，\text{其他}\end{cases} \tag{5.1}$$

式中，$\text{allowed}^k=\{0,1,\cdots,n-1\}-\text{tabu}_k$ 表示蚂蚁 k 下一步允许选择的城市。与真实蚁群系统不同，人工蚁群系统具有一定的记忆功能，这里用 tabu_k（$k=1,$ $2,\cdots,m$）记录蚂蚁 k 目前已经走过的城市。随着时间的推移，以前留下的信息逐渐消失，用参数 ρ 表示信息素消失程度，经过 n 个时刻，蚂蚁完成一次循环，各路径上信息素浓度要根据下式做调整。

$$\tau_{ij}(t+n)=(1-\rho)\tau_{ij}(t)+\Delta\tau_{ij}(t) \tag{5.2}$$

$$\Delta\tau_{ij}=\sum_{k=1}^{m}\Delta\tau_{ij}^k \tag{5.3}$$

$$\Delta\tau_{ij}^k=\begin{cases}\dfrac{Q}{L_k}, & \text{第}k\text{只蚂蚁在本次循环中经过}ij \\ 0, & \text{其他}\end{cases} \tag{5.4}$$

式中，$\Delta\tau_{ij}^k$ 表示第 k 只蚂蚁在本次循环中留在路径 ij 上的信息素浓度；$\Delta\tau_{ij}$ 表示本次循环中留在路径 ij 上的信息素浓度；Q 是常数；L_k 表示第 k 只蚂蚁在本次循环中所走路径的长度。在初始时刻，$\tau_{ij}(0)=C$，$\Delta\tau_{ij}=0$，其中，$i,j=0,1,\cdots,$ $n-1$。

α，β 分别表示信息素启发式因子和期望启发因子。当 $\alpha=0$ 时，算法演变成传统的随机贪心算法，最邻近城市被选中的概率最大。当 $\beta=0$ 时，蚂蚁完全根据信息素浓度确定路径，算法将快速收敛，这样构建出的最优路径往往与实际目标有着较大的差异，算法的性能比较糟糕[9]。η_{ij} 表示由城市 i 转移到城市 j 的期望程度，可根据某种启发式算法具体确定。根据具体算法的不同，$\tau_{ij}(t)$、$\Delta\tau_{ij}(t)$ 及 $P_{ij}^k(t)$ 的表达形式可以不同，要根据具体问题而定。

5.3.1　关键参数说明

（1）蚂蚁数目 m

在蚁群优化算法中，蚂蚁数目是一个重要的参数，直接影响算法的搜索效率和全局收敛性。蚂蚁数目决定了算法在解空间中的搜索范围和深度。较大的蚂蚁数目可以增加算法的搜索广度，提高找到全局最优解的可能性，但也会增加算法的计算开销。相反，较小的蚂蚁数目可能导致算法陷入局部最优解，搜索能力受限。

在选择蚂蚁数目时，需要考虑问题的复杂度、计算资源的限制以及算法的收敛速度。通常情况下，蚂蚁数目的选择范围可以根据问题的规模和特性来确定。对于较小规模的问题，一般选择几十到一百只蚂蚁；而对于较大规模的问题，可能需要几百到数千只蚂蚁来进行搜索。

（2）信息素启发式因子 α

信息素启发式因子 α：代表信息素浓度对是否选择当前路径的影响程度，即反映蚂蚁在运动过程中积累的信息素浓度在指导蚁群搜索中的相对重要程度。α 的大小反映了蚁群在路径搜索中随机性因素作用的强度，其值越大，蚂蚁在选择以前走过的路径的可能性就越大，搜索的随机性就会减弱；而当信息素启发式因子 α 的值过大时，则易使蚁群的搜索过早陷于局部最优。根据经验，信息素启发式因子 α 取值范围一般为 [1，4] 时，蚁群优化算法的综合求解性能较好。

（3）期望启发因子 β

期望启发因子 β 表示启发式信息（如距离倒数）对蚂蚁选择路径的影响程度，它的大小反映了蚁群在搜索最优路径的过程中的先验性和确定性因素的作用强度。期望启发因子 β 的值越大，蚂蚁在某个局部点上选择局部最短路径的可能性就越大，虽然这个时候算法的收敛速度得以加快，但蚁群搜索最优路径的随机性减弱，此时搜索易于陷入局部最优解。根据经验，期望启发因子 β 取值范围一般为 [3，5]，此时蚁群优化算法的综合求解性能较好。

（4）信息素蒸发系数 ρ

信息素蒸发系数（evaporation coefficient）ρ 是一项关键参数，用于控制信息素在每次迭代过程中的挥发速率。该参数决定了信息素在路径上的持久性，即信息素在每次更新后的残留量，直接影响着算法的收敛速度和全局搜索能力[10]。

较小的信息素蒸发系数会导致信息素在路径上残留时间较长，增加蚂蚁选择该路径的概率，有利于加强局部搜索能力，但可能会导致算法陷入局部最优解。相反，较大的信息素蒸发系数会导致信息素在路径上挥发速率加快，减少信息素的持久性，有助于增强全局搜索能力，但可能会降低算法的收敛速度。

因此，选择合适的信息素蒸发系数需要在全局搜索能力和局部搜索能力之间进行权衡。通常情况下，较小的信息素蒸发系数适用于复杂问题，以增强局部搜索能力；而较大的信息素蒸发系数适用于简单问题，以加快全局搜索速度。具体参数选择范围通常在[0,1]之间，常见的选择范围为[0.1, 0.9]。需要根据具体问题的特性和算法的性能要求进行调整和优化，以实现最佳的算法性能。

（5）最大进化迭代次数

最大进化迭代次数的设定需要综合考虑问题的复杂性、算法的收敛速度以及计算资源的限制等因素。较大的最大进化迭代次数可以增加算法的搜索空间覆盖度，有助于提高全局搜索能力和发现更优解的概率，但也会增加算法的计算时间和资源消耗。相反，较小的最大进化迭代次数虽然可以减少计算时间和资源消耗，但可能会影响算法的搜索效果和收敛性能。

通常情况下，最大进化迭代次数的选择范围取决于问题的复杂程度、算法的收敛速度以及计算资源的可用性等因素。一般来说，该参数的具体选择范围可以根据实际问题的特性和算法的性能需求进行调整和优化。常见的参数选择范围可以在[100, 1000]之间，但对于更复杂的问题可能需要更大的迭代次数。

5.3.2　算法的整体思路

算法的整体思路如下。

① 根据具体问题设置多只蚂蚁，分头并行搜索。

② 每只蚂蚁完成一次周游后，在行进的路上释放信息素，找到最短路径的蚂蚁会释放更多的信息素。

③ 蚂蚁路径的选择根据信息素浓度（初始信息素浓度设为相等）和两点之间

的距离，采用随机的局部搜索策略确定。这使得距离较短的边，其上的信息素浓度较高，后来的蚂蚁选择该边的概率也较大。

④ 每只蚂蚁只能走合法路线（仅经过每个城市 1 次），为此设置禁忌表来控制。

⑤ 所有蚂蚁都搜索完一次就是迭代一次，每迭代一次就对所有的路径做一次信息素更新，随后蚂蚁进行新一轮搜索。

⑥ 更新信息素包括原有信息素的蒸发和经过的路径上信息素的增加。

⑦ 达到预定的迭代步数或出现停滞现象（所有蚂蚁都选择同样的路径，解不再变化），则算法结束，以当前最优解作为问题的最优解。

算法流程图如图 5.1 所示。

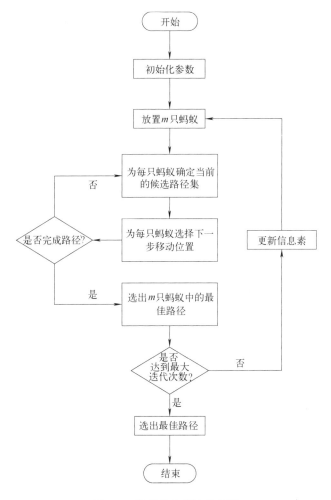

图 5.1　蚁群优化算法流程图

5.4 实例推导与仿真

例 5.1 旅行商问题（TSP）。假设有一个旅行商人出差要经过 10 个城市，他需要选择要走的路径，路径的限制是每个城市只能拜访一次，而且最后要回到原来出发的城市。路径的选择要求是：所选路径的路程为所有路径的路程之中的最小值。这 10 个城市的坐标是 [1，2；70，90；80，60；10，100；800，200；800，100；90，80；200，600；230，4；500，90]。

推导如下。

（1）参数设置

迭代次数	100	启发式因子重要参数	5
蚂蚁数目	3	信息素蒸发系数	0.5
信息素重要参数	1	信息素增加系数	1

（2）初始化

（2.1）初始化距离矩阵 D 和期望启发因子矩阵 Eta=距离的倒数

（2.2）初始化信息素矩阵 Tau 都为 1 和禁忌表 Tabu 储存蚂蚁路径

（3）第一代迭代

（3.1）将三个蚂蚁随机放在 10 个城市，为每个蚂蚁生成一个随机的城市

蚂蚁 1	城市 7	蚂蚁 3	城市 1
蚂蚁 2	城市 8		

（3.2）选择下一个城市，计算每个城市选择的概率

P(k)=(Tau(visited(end),J(k))^Alpha)*(Eta(visited(end),J(k))^Beta);

最终得出蚂蚁的三个爬行路线

蚂蚁 1	7-3-2-4-1-8-10-9-6-5	蚂蚁 3	1-2-7-3-4-9-10-6-5-8
蚂蚁 2	8-3-7-2-4-1-9-10-6-5		

（3.3）计算三只蚂蚁的路径

L(i)=L(i)+D(R(1),R(n)) 蚂蚁走过的城市距离之和

蚂蚁 1	3.116620594443615e+03	蚂蚁 3	2.512087406237468e+03
蚂蚁 2	2.390785147201794e+03		

（3.4）选取最佳距离

蚂蚁 2 的距离最短，选为最佳距离，因此蚂蚁 2 的路线为最佳路线。

（4）信息素更新

将三只蚂蚁走过的路线加上信息素，不同蚂蚁走过相同路线，信息素相加

Delta_Tau(Tabu(i,j),Tabu(i,j+1))=Delta_Tau(Tabu(i,j),Tabu(i,j+1))+Q/L(i)；

10x10 double	1	2	3	4	5	6	7	8	9	10
1	0	3.9808e-04	0	0	0	0	0	3.2086e-04	4.1827e-04	0
2	0	0	0	7.3913e-04	0	0	3.9808e-04	0	0	0
3	0	3.2086e-04	0	3.9808e-04	0	0	4.1827e-04	0	0	0
4	7.3913e-04	0	0	0	0	0	0	0	3.9808e-04	0
5	0	0	0	0	0	0	3.2086e-04	8.1635e-04	0	0
6	0	0	0	0	0.0011	0	0	0	0	0
7	0	4.1827e-04	7.1894e-04	0	0	0	0	0	0	3.2086e-04
8	3.9808e-04	0	0	4.1827e-04	0	0	0	0	0	0
9	0	0	0	0	0	3.2086e-04	0	0	0	8.1635e-04
10	0	0	0	0	8.1635e-04	0	0	0	3.2086e-04	0

可以观察得出 4-1，2-4，9-10 的信息素很高。

（5）第二代迭代

（5.1）三只蚂蚁随机散落在 10 个城市

蚂蚁 1	城市 8	蚂蚁 3	城市 3
蚂蚁 2	城市 2		

（5.2）选择下一个城市，先计算每个城市被选择的概率

P(k)=(Tau(visited(end),J(k))^Alpha)*(Eta(visited(end),J(k))^Beta)；

由于第一次信息素已经更新，根据公式的原理可知，信息素越大的城市越容易被选择

得出三只蚂蚁再一次周游的行进路线

蚂蚁 1	8-3-7-2-4-1-9-10-6-5	蚂蚁 3	3-7-2-4-1-9-10-6-5-8
蚂蚁 2	2-7-3-4-1-9-10-6-5-8		

可以观察得出 7-2，4-1，9-10 被选择的次数增加。

（5.3）计算三只蚂蚁的路径

蚂蚁 1	2.390785147201794e+03	蚂蚁 3	2.390785147201794e+03
蚂蚁 2	2.383715326621854e+03		

（5.4）选取最佳距离

蚂蚁 2 的路径最短，为最佳路径。

（6）信息素更新

	1	2	3	4	5	6	7	8	9	10
4	0.0013	0	0	0	0	0	0	0	0	0
5	0	0	0	0	0	0	0	0.0013	0	0
6	0	0	0	0	0.0013	0	0	0	0	0
7	0	8.3655e-04	4.1951e-04	0	0	0	0	0	0	0
8	0	4.1951e-04	8.3655e-04	0	0	0	0	0	0	0
9	0	0	0	0	0	0	0	0	0	0.0013
10	0	0	0	0	0	0.0013	0	0	0	0

按照以上步骤依次迭代，重复走过的路线会不断增大被选中的概率，被选择之后留下信息素，形成一个正反馈闭环，没有被选择的路线，信息素不断蒸发，减少被选中的概率形成负反馈，最终得出一条最优路线。

仿真过程如下。

① 初始化参数。初始化蚂蚁数量 m=18，信息素启发式因子 Alpha=1，期望启发因子 Beta=5，信息素蒸发系数 Rho=0.5，最大迭代次数 NC_max=100，信息素增加强度系数 Q=1。

② 将 m 只蚂蚁置于 n 个城市上，计算待选城市的概率分布，m 只蚂蚁按概率函数选择下一座城市，完成各自的周游。

③ 记录本次迭代最佳路线，更新信息素，禁忌表清零。

④ 判断是否满足终止条件，若满足，则结束搜索过程，输出优化值；若不满足，则继续进行迭代优化。

优化后的路径和适应度进化曲线如图 5.2 所示。

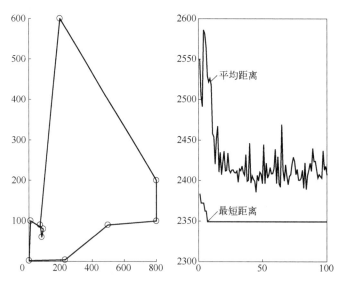

图 5.2　优化后的路径图和适应度进化曲线

Matlab 源程序如下：

```matlab
%% 初始化参数
clear all;
close all;
clc;
C=[1,2;70,90;80,60;10,100;800,200;800,100;90,80;200,600;230,4;500,90];% 10 个
```

城市的坐标，10×2 的矩阵

```matlab
NC_max=100;              % NC_max 表示最大迭代次数
m=18;                    % m 表示蚂蚁数量
Alpha=1;                 %Alpha 表示信息素重要程度的参数
Beta=5;                  % Beta 表示启发式因子重要程度的参数
Rho=0.5;                 % Rho 表示信息素蒸发系数
Q=1;                     % Q 表示信息素增加强度系数
%% 第一步：变量初始化
n=size(C,1);             %n 表示问题的规模（城市个数）
D=zeros(n,n);            %D 表示完全图的赋权邻接矩阵
for i=1:n
    for j=1:n
        if i~=j
            D(i,j)=((C(i,1)-C(j,1))^2+(C(i,2)-C(j,2))^2)^0.5;
        else
            D(i,j)=eps; %i=j 时不计算，应该为 0，但后面的期望启发因子要
```

取倒数，用 eps（浮点相对精度）表示

```matlab
        end
        D(j,i)=D(i,j);   %对称矩阵
    end
end
Eta=1./D;                %Eta 为期望启发因子，这里设为距离的倒数
Tau=ones(n,n);           %Tau 为信息素矩阵
Tabu=zeros(m,n);         %存储并记录路径的生成
NC=1;                    %迭代计数器，记录迭代次数
R_best=zeros(NC_max,n);  %每次迭代的最佳路线
```

```
L_best=inf.*ones(NC_max,1);        %每次迭代的最佳路线的长度
L_ave=zeros(NC_max,1);             %每次迭代的路线的平均长度


while NC<=NC_max                   %停止条件之一：达到最大迭代次数停止
    %%第二步：将 m 只蚂蚁放到 n 个城市上
    Randpos=[];                    %随机存取
    for i=1:(ceil(m/n))
        Randpos=[Randpos,randperm(n)];
    end
    Tabu(:,1)=(Randpos(1,1:m))';


    %%% 第三步：m 只蚂蚁按概率函数选择下一座城市，完成各自的周游
    for j=2:n                      %所在城市不计算
        for i=1:m
            visited=Tabu(i,1:(j-1));  %记录已访问的城市，避免重复访问
            J=zeros(1,(n-j+1));  %待访问的城市
            P=J;                      %待访问城市的选择概率分布
            Jc=1;
            for k=1:n
                if length(find(visited==k))==0 %开始时置 0
                    J(Jc)=k;
                    Jc=Jc+1;   %访问的城市数量自加 1
                end
            end
            %下面计算待选城市的概率分布
            for k=1:length(J)
                P(k)=(Tau(visited(end),J(k))^Alpha)*(Eta(visited(end),J(k))^Beta);
            end
            P=P/(sum(P));
            %按概率原则选取下一个城市
            Pcum=cumsum(P); %cumsum 表示元素累加，即求和
            Select=find(Pcum>=rand); %若计算的概率大于等于原来的，就选
```

择这条路线

```
                    to_visit=J(Select(1));
                    Tabu(i,j)=to_visit;
                end
        end
        if NC>=2
            Tabu(1,:)=R_best(NC−1,:);
        end
```

%% 第四步：记录本次迭代的最佳路线

```
        L=zeros(m,1);                     %开始距离为 0，m×1 的列向量
        for i=1:m
            R=Tabu(i,:);
            for j=1:(n-1)
                L(i)=L(i)+D(R(j),R(j+1)); %原距离加上第 j 个城市到第 j+1 个城
市的距离
            end
            L(i)=L(i)+D(R(1),R(n)); %一轮下来后走过的距离
        end
        L_best(NC)=min(L);          %最佳距离取最小
        pos=find(L==L_best(NC));
        R_best(NC,:)=Tabu(pos(1),:); %此轮迭代后的最佳路线
        L_ave(NC)=mean(L);            %此轮迭代后的平均距离
        NC=NC+1;                      %迭代继续
```

%% 第五步：更新信息素

```
        Delta_Tau=zeros(n,n);            %开始时信息素为 n×n 的零矩阵
        for i=1:m
            for j=1:(n−1)
                Delta_Tau(Tabu(i,j),Tabu(i,j+1))=Delta_Tau(Tabu(i,j),Tabu(i,j+1))+Q/L(i);
                %此次循环更新在路径 ij 上的信息素增量
            end
            Delta_Tau(Tabu(i,n),Tabu(i,1))=Delta_Tau(Tabu(i,n),Tabu(i,1))+Q/L(i);
            %此次循环更新在整个路径上的信息素增量
```

```
            end
        Tau=(1–Rho).*Tau+Delta_Tau; %考虑信息素挥发，更新后的信息素
        %%% 第六步：禁忌表清零
        Tabu=zeros(m,n);                    %%%直到达到最大迭代次数
end
%%% 第七步：输出结果
Pos=find(L_best==min(L_best)); %找到最佳路径（非 0 为真）
Shortest_Route=R_best(Pos(1),:); %最大迭代次数后的最佳路径
Shortest_Length=L_best(Pos(1)); %最大迭代次数后的最短距离
subplot(1,2,1);                    %绘制第一个子图形

N=length(R);
scatter(C(:,1),C(:,2));
hold on；
plot([C(R(1),1),C(R(N),1)],[C(R(1),2),C(R(N),2)],'g');
hold on；
for ii=2:N
        plot([C(R(ii–1),1),C(R(ii),1)],[C(R(ii–1),2),C(R(ii),2)],'g');
        hold on；
end
title('旅行商问题优化结果 ');

subplot(1,2,2);                    %绘制第二个子图形

plot(L_best);
hold on ;                          %保持图形
plot(L_ave,'r');
title('平均距离和最短距离') ;       %标题
```

例 5.2 机器人路径规划问题。机器人路径规划是指在一个未知的环境中，机器人根据任务寻找一条最优的运动轨迹，该轨迹可以连接起点和目标点，同时避开环境中的障碍物。地形图为 01 矩阵，1 表示障碍物，起始点在矩阵左上角，目的地在矩阵右下角。具体的数据如下：

[0 0 0 0 0 0 1 1 1 0 0 0 0 0 0 0 0 0 0 0;
0 1 1 0 0 0 1 1 1 0 0 0 0 0 0 0 0 0 0 0;
0 1 1 0 0 0 1 1 1 0 0 0 0 0 0 0 0 0 0 0;
0 0 0 0 0 0 1 1 1 0 0 0 0 0 0 0 0 0 0 0;
0 0 0 0 0 0 1 1 1 0 0 0 0 0 0 0 0 0 0 0;
0 1 1 1 0 0 1 1 1 0 0 0 0 0 0 0 0 0 0 0;
0 1 1 1 0 0 1 1 1 0 0 0 0 0 0 0 0 0 0 0;
0 1 1 1 0 0 1 1 1 0 1 1 1 1 0 0 0 0 0 0;
0 1 1 1 0 0 0 0 0 1 1 1 1 0 0 0 0 0 0 0;
0 0 0 0 0 0 0 0 0 1 1 1 1 0 0 0 0 0 0 0;
0 0 0 0 0 0 1 1 1 1 1 1 0 0 0 0 0 0 0 0;
0 0 0 0 0 0 1 1 1 1 1 1 0 0 0 0 0 0 0 0;
0 0 0 0 0 0 0 0 0 1 1 1 0 1 1 1 1 0 0;
0 0 0 0 0 0 0 0 0 1 1 1 0 1 1 1 1 0 0;
1 1 1 1 0 0 0 0 0 0 1 1 1 0 1 1 1 1 0 0;
1 1 1 1 0 0 1 1 1 1 1 1 0 0 0 0 0 0 0 0;
0 0 0 0 0 0 1 1 1 1 1 1 0 0 0 0 0 1 1 0;
0 0 0 0 0 0 0 0 0 0 1 1 0 0 0 0 0 1 1 0;
0 0 0 0 0 0 0 0 0 0 1 1 0 0 1 0 0 0 0 0;
0 0 0 0 0 0 0 0 0 0 1 1 0 0 0 0 0 0 0 0];

具体的解题思路如下。

① 地图模型的建立：根据机器人运动的环境然后抽象建立起栅格地图，如图 5.3 所示。

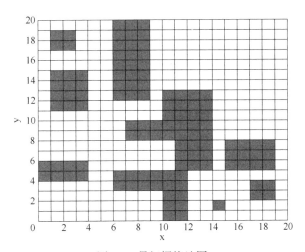

图 5.3　最初栅格地图

② 初始化参数。初始化蚂蚁数量 M=50，信息素启发式因子 Alpha=1，期望启

发因子 Beta=7，信息素蒸发系数 Rho=0.3，最大迭代次数 K=100，信息素增加强度
系数 Q=1。

　　③ 启动 K 轮蚂蚁觅食活动，每轮派出 M 只蚂蚁。

　　④ 记录本次迭代的最优路径，更新信息素，禁忌表清零。

　　⑤ 判断是否满足终止条件，若满足，则结束搜索过程，输出优化值；若不满
足，则继续进行迭代优化。

　　⑥ 得到最终最优路径，如图 5.4 所示。

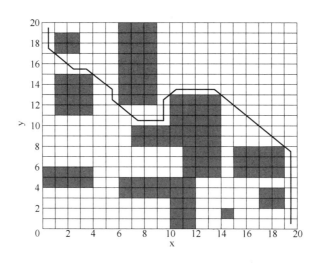

图 5.4　最优路径图

　　⑦ 记录各代最小路径长度收敛，如图 5.5 所示。

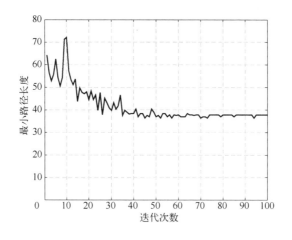

图 5.5　各代最优收敛曲线变化

Matlab 源程序如下：

```
function Shortestpath=ACOrobot()
G=[0 0 0 0 0 0 1 1 1 0 0 0 0 0 0 0 0 0;
   0 1 1 0 0 0 1 1 1 0 0 0 0 0 0 0 0 0;
   0 1 1 0 0 0 1 1 1 0 0 0 0 0 0 0 0 0;
   0 0 0 0 0 0 1 1 1 0 0 0 0 0 0 0 0 0;
   0 0 0 0 0 0 1 1 1 0 0 0 0 0 0 0 0 0;
   0 1 1 1 0 0 1 1 1 0 0 0 0 0 0 0 0 0;
   0 1 1 1 0 0 1 1 1 0 0 0 0 0 0 0 0 0;
   0 1 1 1 0 0 1 1 1 0 1 1 1 0 0 0 0 0;
   0 1 1 1 0 0 0 0 0 1 1 1 1 0 0 0 0 0;
   0 0 0 0 0 0 0 0 0 1 1 1 1 0 0 0 0 0;
   0 0 0 0 0 0 1 1 1 1 1 1 0 0 0 0 0 0;
   0 0 0 0 0 0 1 1 1 1 1 1 0 0 0 0 0 0;
   0 0 0 0 0 0 0 0 0 1 1 1 0 1 1 1 1 0;
   0 0 0 0 0 0 0 0 0 1 1 1 0 1 1 1 1 0;
   1 1 1 1 0 0 0 0 0 1 1 1 0 1 1 1 1 0;
   1 1 1 1 0 0 1 1 1 1 1 0 0 0 0 0 0 0;
   0 0 0 0 0 0 1 1 1 1 1 0 0 0 0 0 1 1 0;
   0 0 0 0 0 0 0 0 0 1 1 0 0 0 0 0 1 1 0;
   0 0 0 0 0 0 0 0 0 1 1 0 0 1 0 0 0 0 0;
   0 0 0 0 0 0 0 0 0 1 1 0 0 0 0 0 0 0 0];
MM=size(G,1);                   % G 表示地形图
Tau=ones(MM*MM,MM*MM);          % Tau 表示初始信息素矩阵
Tau=8.*Tau;
K=100;                          % 迭代次数（指蚂蚁出动多少波）
M=50;                           % 蚂蚁数量
S=1 ;                           % 最短路径的起始点
E=MM*MM;                        % 最短路径的目的点
Alpha=1;                        % Alpha 表示信息素启发式因子
Beta=7;                         % Beta 表示期望启发因子
Rho=0.3 ;                       % Rho 表示信息素蒸发系数
```

```
Q=1;                              % Q 表示信息素增加强度系数
minkl=inf;
mink=0;
minl=0;
D=G2D(G);
N=size(D,1);                %N 表示问题的规模（小方格数量）
a=1;                        %小方格的边长
Ex=a*(mod(E,MM) –0.5);      %终止点横坐标
if Ex==–0.5
    Ex=MM–0.5;
end
Ey=a*(MM+0.5–ceil(E/MM)); %终止点纵坐标
Eta=zeros(N);                %启发式因子，取为至目标点的直线距离的倒数
%启发式因子矩阵
for i=1:N
    ix=a*(mod(i,MM) –0.5);
    if ix==–0.5
        ix=MM–0.5;
    end
    iy=a*(MM+0.5–ceil(i/MM));
    if i~=E
        Eta(i)=1/((ix–Ex)^2+(iy–Ey)^2)^0.5;
    else
        Eta(i)=100;
    end
end
ROUTES=cell(K,M);   %用细胞结构存储每一次迭代的每一只蚂蚁的爬行路径
PL=zeros(K,M);          %用矩阵存储每一次迭代的每一只蚂蚁的爬行路径长度
% 启动 K 轮蚂蚁觅食活动，每轮派出 M 只蚂蚁
for k=1:K
```

```
for m=1:M
    %状态初始化
    W=S;                    %当前节点初始化为起始点
    Path=S;                 %爬行路线初始化
    PLkm=0;                 %爬行路线长度初始化
    TABUkm=ones(N);         %禁忌表初始化
    TABUkm(S)=0;            %已经在初始点了，因此要排除
    DD=D;                   %邻接矩阵初始化
    %下一步可以前往的节点
    DW=DD(W,:);
    DW1=find(DW);
    for j=1:length(DW1)
        if TABUkm(DW1(j))==0
            DW(DW1(j))=0;
        end
    end
    LJD=find(DW);
    Len_LJD=length(LJD);%可选节点的数量
    %蚂蚁未遇到食物（终点）或者陷入死胡同或者觅食停止
    while W~=E&&Len_LJD>=1
        %轮盘赌法选择下一步怎么走
        PP=zeros(Len_LJD);
        for i=1:Len_LJD
            PP(i)=(Tau(W,LJD(i))^Alpha)*((Eta(LJD(i)))^Beta);
        end
        sumpp=sum(PP);
        PP=PP/sumpp;%建立概率分布
        Pcum(1)=PP(1);
        for i=2:Len_LJD
            Pcum(i)=Pcum(i-1)+PP(i);
        end
        Select=find(Pcum>=rand);
```

```
        to_visit=LJD(Select(1));
        %状态更新和记录
        Path=[Path,to_visit];               %路径增加
        PLkm=PLkm+DD(W,to_visit);          %路径长度增加
        W=to_visit;                         %蚂蚁移到下一个节点
        for kk=1:N
            if TABUkm(kk)==0
                DD(W,kk)=0;
                DD(kk,W)=0;
            end
        end
        TABUkm(W)=0;               %已访问过的节点从禁忌表中删除
        DW=DD(W,:);
        DW1=find(DW);
        for j=1:length(DW1)
            if TABUkm(DW1(j))==0
                DW(j)=0;
            end
        end
        LJD=find(DW);
        Len_LJD=length(LJD);%可选节点的个数
    end
    %记下每次迭代中每一只蚂蚁的觅食路径和路径长度
    ROUTES{k,m}=Path;
    if Path(end)==E
        PL(k,m)=PLkm;
        if PLkm<minkl
            mink=k;minl=m;minkl=PLkm;
        end
    else
        PL(k,m)=0;
    end
```

```
    end
    %更新信息素
    Delta_Tau=zeros(N,N);%更新量初始化
    for m=1:M
        if PL(k,m)
            ROUT=ROUTES{k,m};
            TS=length(ROUT) -1;%跳数
            PL_km=PL(k,m);
            for s=1:TS
                x=ROUT(s);
                y=ROUT(s+1);
                Delta_Tau(x,y)=Delta_Tau(x,y)+Q/PL_km;
                Delta_Tau(y,x)=Delta_Tau(y,x)+Q/PL_km;
            end
        end
    end
    Tau=(1-Rho).*Tau+Delta_Tau;%信息素挥发一部分，新增加一部分
end
%绘图
plotif=1;%是否绘图的控制参数
if plotif==1 %绘收敛曲线
    minPL=zeros(K);
    for i=1:K
        PLK=PL(i,:);
        Nonzero=find(PLK);
        PLKPLK=PLK(Nonzero);
        minPL(i)=min(PLKPLK);
    end
    figure(1);
    plot(minPL);
    hold on;
    grid on;
```

```matlab
title('收敛曲线变化趋势');
xlabel('迭代次数');
ylabel('最小路径长度');
figure(2);
axis([0,MM,0,MM]);
for i=1:MM
    for j=1:MM
        if G(i,j)==1
            x1=j-1;y1=MM-i;
            x2=j;y2=MM-i;
            x3=j;y3=MM-i+1;
            x4=j-1;y4=MM-i+1;
            fill([x1,x2,x3,x4],[y1,y2,y3,y4],[0.2,0.2,0.2]);
            hold on;
        else
            x1=j-1;y1=MM-i;
            x2=j;y2=MM-i;
            x3=j;y3=MM-i+1;
            x4=j-1;y4=MM-i+1;
            fill([x1,x2,x3,x4],[y1,y2,y3,y4],[1,1,1]);
            hold on;
        end
    end
end
hold on;
title('机器人运动轨迹');
xlabel('坐标 x');
ylabel('坐标 y');
ROUT=ROUTES{mink,minl};
LENROUT=length(ROUT);
Rx=ROUT;
Ry=ROUT;
```

```
    for ii=1:LENROUT
        Rx(ii)=a*(mod(ROUT(ii),MM) −0.5);
        if Rx(ii)== −0.5
            Rx(ii)=MM−0.5;
        end
        Ry(ii)=a*(MM+0.5−ceil(ROUT(ii)/MM));
    end
    plot(Rx,Ry);
end
%绘各代蚂蚁爬行图
plotif=1;
if plotif2==1
    figure(3);
    axis([0,MM,0,MM]);
    for i=1:MM
        for j=1:MM
            if G(i,j)==1
                x1=j−1;y1=MM−i;
                x2=j;y2=MM−i;
                x3=j;y3=MM−i+1;
                x4=j−1;y4=MM−i+1;
                fill([x1,x2,x3,x4],[y1,y2,y3,y4],[0.2,0.2,0.2]);
                hold on;
            else
                x1=j−1;y1=MM−i;
                x2=j;y2=MM−i;
                x3=j;y3=MM−i+1;
                x4=j−1;y4=MM−i+1;
                fill([x1,x2,x3,x4],[y1,y2,y3,y4],[1,1,1]);
                hold on;
            end
        end
    end
```

```
        for k=1:K
            PLK=PL(k,:);
            minPLK=min(PLK);
            pos=find(PLK==minPLK);
            m=pos(1);
            ROUT=ROUTES{k,m};
            LENROUT=length(ROUT);
            Rx=ROUT;
            Ry=ROUT;
            for ii=1:LENROUT
                Rx(ii)=a*(mod(ROUT(ii),MM) –0.5);
                if Rx(ii)== –0.5
                    Rx(ii)=MM–0.5;
                end
                Ry(ii)=a*(MM+0.5–ceil(ROUT(ii)/MM));
            end
            plot(Rx,Ry);
            hold on;
        end
end
function D=G2D(G);
l=size(G,1);
D=zeros(l*l,l*l);
for i=1:l
    for j=1:l
        if G(i,j)==0
            for m=1:l
                for n=1:l
                    if G(m,n)==0
                        im=abs(i–m);jn=abs(j–n);
                        if im+jn==1||(im==1&&jn==1)
                            D((i–1)*l+j,(m–1)*l+n)=(im+jn)^0.5;
```

```
                          end
                      end
                  end
              end
          end
      end
  end
end
Shortestpath=max(min(minPL));
end
```

参考文献

［1］ 张纪会，徐心和. 一种新的进化算法——蚁群算法［J］. 系统工程理论与实践，1999（3）：85-88，110.

［2］ HANI Y，AMODEO L，Yalaoui F，et al. Ant colony optimization for solving an industrial layout problem［J］. European Journal of Operational Research，2007，183（2）：633-642.

［3］ CHANDRA MOHAN B，BASKARAN R. A survey：ant colony optimization based recent research and implementation on several engineering domain［J］. Expert Systems with Applications，2012，39（4）：4618-4627.

［4］ CHEN L，LIU W L，ZHONG J. An efficient multi-objective ant colony optimization for task allocation of heterogeneous unmanned aerial vehicles［J］. Journal of Computational Science，2022，58：101545.

［5］ T'KINDT V，MONMARCHÉ N，TERCINET F，et al. An ant colony optimization algorithm to solve a 2-machine bicriteria flowshop scheduling problem［J］. European Journal of Operational Research，2002，142（2）：250-257.

［6］ OH E，LEE H. Effective route generation framework using quantum mechanism-based multi-directional and parallel ant colony optimization［J］. Computers & Industrial Engineering，2022，169：108308.

［7］ 赵诗奎. 柔性作业车间调度的改进邻域结构混合算法［J］. 计算机集成制造系统，2018，24（12）：3060-3072.

［8］ 王原，陈名，邢立宁，等. 用于求解旅行商问题的深度智慧型蚁群优化算法［J］. 计算机研究与发展，2021，58（8）：1586-1598.

［9］ DEMIR H I，ERDEN C. Dynamic integrated process planning，scheduling and due-date assignment using ant colony optimization［J］. Computers & Industrial Engineering，2020，149：106799.

［10］ 黄学文，张晓彤，艾亚晴. 基于蚁群算法的多加工路线柔性车间调度问题［J］. 计算机集成制造系统，2018，24（3）：558-569.

第 6 章
粒子群优化算法

6.1 引言

　　粒子群优化算法（particle swarm optimization, PSO）是一种基于群体智能的优化技术，由 Kennedy 和 Eberhart 于 1995 年提出[1]。它模拟了鸟群、鱼群等生物群体在寻找食物过程中展现的群体行为，用于解决优化问题。PSO 模拟了鸟群觅食等自然现象，通过一群称为粒子的个体在搜索空间中移动并相互合作，逐步逼近最优解。每个粒子根据自身的经验和邻居的经验调整其位置和速度，使得群体整体能够快速而有效地找到全局最优解。随着社会的发展，科研、制造、经济等领域面临着越来越复杂的现实问题。如何在更少的时间和更低的经济成本下解决这些问题，对于推动科学和工程的发展至关重要。粒子群优化算法以其独特的信息扩散和交互机制，能够在较低计算成本下实现优异性能，解决许多复杂问题[2]。

6.2 粒子群优化算法理论

6.2.1 粒子群优化算法的优化过程

　　粒子群优化算法的优化过程始于一组粒子在解空间中的随机初始化。每个粒子代表潜在解，并具有位置和速度。初始时，粒子的位置和速度可以随机生成或根据问题的特性进行设置。在每次迭代中，每个粒子都会根据其当前位置和速度，以及其历史最优位置（个体最优解）和整个群体中的最优位置（全局最优解）进行更新。更新过程中，粒子受到两个主要因素的影响：个体经验和群体信息[3]。

首先，粒子根据个体经验调整速度和位置。它记忆着自己曾经达到的最佳位置，试图向该方向移动。这种个体经验使得粒子在解空间中保持对自身最优解的记忆，有助于避免陷入局部最优解。其次，粒子根据群体信息进行调整。它可以感知到群体中其他粒子的位置和速度，通过观察和学习群体中的优秀成员来调整自己的移动方向和速度。这种群体信息促使粒子向群体中表现优秀的成员所在的区域移动，以期获得更好的解。基于个体经验和群体信息的调整，粒子在每次迭代中更新自己的位置和速度。这个过程不断迭代，直到达到预先设定的迭代次数或满足特定的停止条件。最终，粒子群优化算法会在解空间中找到潜在的最优解，即问题的最优解或接近最优解的解[4]。

整个粒子群优化算法的优化过程可以描述为粒子在解空间中搜索的过程，该方法通过个体经验和群体信息不断调整自己的位置和速度，以期找到问题的最优解。

6.2.2　粒子群优化算法的特点

粒子群优化算法是一种基于随机种群的算法，与其他进化算法一样，粒子群优化算法也是通过连续迭代演化出潜在解决方案的方法。与其他优化策略相比，粒子群优化算法最重要的优点是易于实施，需要调整的参数很少[5]。

粒子群优化算法具有许多独特的特点，这些特点使其在各种优化问题中广受欢迎。首先，粒子群优化算法简单易实现，其数学模型和实现过程相对简洁，涉及的步骤包括初始化粒子群、迭代更新粒子位置和速度、评估适应度等。这些步骤相对简单且直观，粒子群优化算法易于理解和实现，适合广泛的应用场景。其次，粒子群优化算法的参数较少且易于调节，主要参数包括惯性权重（ω）、个体认知系数（c_1）和社会认知系数（c_2）。惯性权重控制粒子当前速度产生的影响，个体认知系数表示粒子对自身历史最优位置的追踪能力，社会认知系数表示粒子对群体最优位置的追踪能力。这些参数的设置和调优过程相对简单，使得粒子群优化算法易于应用和调整。最后，粒子群优化算法模拟了生物群体行为中的合作和信息共享机制，通过粒子之间的相互影响和合作，算法能够加速搜索过程并找到全局最优解。这种模拟生物行为的机制使得粒子群优化算法不仅具有高效的搜索能力，而且在实际应用中表现出很强的适应性和鲁棒性。

综上所述，粒子群优化算法以其简单易实现、参数少且易调节、强大的全局搜索能力、高并行性、具有鲁棒性和灵活性等特点，在优化领域中占据重要地位，广泛应用于各类优化问题的求解。

6.2.3　粒子群优化算法的改进方向

粒子群优化算法是一种基于群体智能的优化算法，通过模拟鸟群或鱼群的行为来解决复杂的优化问题。尽管 PSO 在许多领域表现出色，但仍有许多改进方向可以提高其性能并扩大适用范围。以下是几种主要的改进方向。

① 速度和位置更新机制。通过动态调整速度的参数（惯性权重、个体认知系数和社会认知系数），PSO 可以更好地平衡全局搜索与局部搜索。自适应惯性权重使粒子在搜索过程中逐渐收敛，同时避免早期陷入局部最优。利用非线性函数调整速度和位置更新策略，能更有效地探索解空间，提高算法的全局搜索能力。

② 混合与多种群 PSO。将 PSO 与其他优化算法（如遗传算法、差分进化算法等）结合，利用不同算法的优势来增强搜索性能。例如，在全局搜索阶段使用 PSO，在局部搜索阶段使用局部优化算法。引入多个子群体，并使每个子群体采用不同的搜索策略或参数设置，能够增强算法的多样性和全局搜索能力。

③ 引入新型粒子交流机制。改进粒子间的信息共享方式，例如，通过更复杂的网络拓扑结构来促进粒子间的信息交流，避免信息过早收敛。引入分层结构，通过高层次粒子的引导来优化低层次粒子的搜索路径，提升搜索效率。

④ 处理多模态和动态优化问题。通过分离种群或引入 niching 技术（小生镜技术），PSO 可以在多峰函数中找到多个局部最优解，适应多模态优化问题。在动态变化的优化问题中，PSO 需要具备快速响应能力。引入记忆机制或环境检测机制，可以帮助 PSO 在动态环境中保持有效的搜索性能。

⑤ 引入生物启发机制。通过模拟生态系统中不同物种的共存关系，引入多样性机制，增强算法的全局搜索能力和稳定性。利用免疫算法中的抗体和抗原机制，可增强 PSO 对局部最优的跳出能力，提高全局最优解的搜索效率。

⑥ 特征选择的可变长度 PSO 表示法。使粒子具有不同的较短的长度，可定义更小的搜索空间，从而提高 PSO 的性能。通过按相关性降序重新排列特征，促使长度较短的粒子获得更好的分类性能。利用提出的长度变化机制，PSO 可以跳出局部最优，进一步缩小搜索空间，并将搜索重点放在更小、更有成效的区域[6]。

通过以上改进，粒子群优化算法可以在解决更复杂、更高维度和更具挑战性的优化问题上表现得更加出色。这些改进不仅增强了算法的搜索能力和收敛速度，还扩展了 PSO 的应用范围，使其在实际应用中更加灵活和高效。

6.3　粒子群优化算法流程

以机器人全局路径规划问题[7]为例说明粒子群优化算法的求解流程。对于机器人，路径规划就是寻找其在环境中移动时必须经过的点的集合。问题建模如下所示。在全局坐标系 O-XY 中，S 为机器人的出发点，G 为终点。机器人的路径规划即为寻找一个点的集合。

$$P = \{S, p_1, p_2, \cdots, p_m, G\}$$

式中，$p_1, p_2, \cdots, p_m$ 为全局地图中一个点的序列，即规划目标。对点 p_j 的要求是：p_j 为非障碍点，p_j 与相邻点的连线上不存在障碍点。粒子群优化算法模拟鸟群的捕食行为，采用速度-位置（v-x）搜索模型。每一个备选解称为一个粒子，粒子的优劣程度由适应度函数 $F(x)$ 决定。每一个粒子都由一个位置和速度决定更新的方向和大小，粒子们追随当前最优粒子（通过迭代在解空间中搜索）。每一次迭代，粒子通过跟踪两个极值更新自己的速度和位置：粒子本身找到的最优解 pBest 和整个种群目前找到的最优解 gBest。定义种群中存在 n 个粒子，每个粒子 m 维，其速度和位置的更新方法为

$$v_{i,j}^{t+1} = \omega v_{i,j}^{t} + c_1 r_1 \frac{\left(p_{i,j}^{t} - x_{i,j}^{t}\right)}{\Delta t} + c_2 r_2 \frac{\left(p_{g,j}^{t} - x_{i,j}^{t}\right)}{\Delta t}$$

$$x_{i,j}^{t+1} = x_{i,j}^{t} + v_{i,j}^{t+1} \Delta t$$

式中，$v_{i,j}^{t}$，$x_{i,j}^{t}$ 分别表示粒子 i（i=1，2，…，n）第 j（j=1，2，…，m）维分量在 t 时刻的速度和位置；$p_{i,j}^{t}$ 表示粒子 i 第 j 维分量到 t 时刻为止搜索到的最优位置；$p_{g,j}^{t}$ 表示种群中所有粒子第 j 维分量到 t 时刻为止搜索到的最优位置；Δt 为单位时间长度；r_1，r_2 为 0~1 之间的随机数；c_1，c_2 为加速常数，表示每个粒子受 pBest 和 gBest 位置吸引的加速项的权重，一般取 c_1=c_2=2；ω 为惯性权重，ω 较大则算法具有较强的全局搜索能力，ω 较小则算法倾向于局部搜索，一般是使 ω 随迭代次数线性减小，即

$$\omega = \omega_{\max} - \text{iter} \frac{\omega_{\max} - \omega_{\min}}{\text{iter}_{\max}}$$

式中，iter 为当前迭代次数；$iter_{max}$ 为总的迭代次数；$\omega_{max}=0.9$；$\omega_{min}=0.4$。

6.3.1　关键参数说明

（1）粒子数（swarm size or number of particles）

粒子数是粒子群优化算法中的一个重要参数，它决定了在搜索空间中同时存在的粒子（个体）的数量。粒子数直接影响算法的性能，包括其搜索能力、收敛速度和计算成本。更多的粒子意味着在搜索空间中有更多的个体进行探索，这提高了找到全局最优解的可能性。对于复杂的、多峰值的优化问题，较大的粒子群可以更全面地覆盖搜索空间，从而降低算法陷入局部最优解的风险。然而，粒子数过多也会增加计算的复杂度和成本。每个粒子在每次迭代中都需要更新其位置和速度，粒子数越多，所需的计算资源和时间就越多。因此，在实际应用中，选择合适的粒子数是非常关键的，需要在搜索能力和计算成本之间找到一个平衡点。

粒子数也影响粒子群优化算法的收敛速度。较少的粒子可能会使算法在初期收敛较快，但由于探索范围有限，容易陷入局部最优解，难以找到全局最优。而较多的粒子虽然在初期可能收敛较慢，但由于其能够探索更广泛范围的能力，通常能找到更好的解。在一些应用中，通过调整粒子数可以显著改善粒子群优化算法的性能。例如，对于高维度的优化问题，适当增加粒子可以提高算法的全局搜索能力和最终的优化效果。

（2）迭代次数（number of iterations or maximum iterations）

在粒子群优化算法中，迭代次数是另一个关键参数。它指的是算法运行过程中，更新粒子位置和速度的次数。迭代次数的选择直接影响算法的收敛效果和计算成本，是控制算法停止的重要因素之一。粒子通过不断更新其位置和速度来搜索优化空间的最优解。每次迭代，粒子的位置和速度都会根据个体经验和群体信息进行调整，以逐步逼近最优解。更多的迭代次数意味着粒子有更多的机会进行探索和调整，从而增加找到全局最优解的可能性。对于复杂的优化问题，较高的迭代次数通常能提高算法的收敛效果，使得粒子有足够的时间和机会来探索整个搜索空间并收敛到全局最优解。迭代次数也影响算法的计算成本。每次迭代过程中，所有粒子的速度和位置都需要更新，这涉及大量的计算。迭代次数越多，算法的计算量越大且运行时间越长。在实际应用中，需要在优化效果和计算成本之间找到平衡点。如果迭代次数太少，算法可能会在搜索到全局最优解之前就停止，从而导致只搜索到次优解。如果迭代次数太多，虽然可能会找到更好的解，但计算成本也会显著增加，特别是在处理大规模和复杂优化问题时。

一般来说，迭代次数的选择可以通过实验或经验来确定。对于简单或中等复杂度的优化问题，常用的迭代次数范围可能在 100 到 1000 之间。而对于复杂度较高的问题，可能需要更高的迭代次数来保证算法的收敛效果。此外，还可以结合其他停止条件（如达到一定的误差阈值或目标函数值的变化低于某个阈值）来动态调整迭代次数，以平衡算法的收敛效果和计算成本。

（3）惯性权重（inertia weight，ω）

惯性权重用于控制粒子速度的更新，从而影响粒子在搜索空间中的移动。具体来说，惯性权重决定了当前速度对下一个速度的贡献度，它可以调整粒子的探索和开发能力。惯性权重较大时，粒子倾向于维持较大的速度，从而增强全局搜索能力，使粒子在整个搜索空间中进行广泛的探索，避免陷入局部最优。然而，过大的惯性权重可能导致粒子在搜索空间中跳动过大，难以收敛到最优解。相反，较小的惯性权重有助于粒子减速，从而更精细地搜索局部区域，有利于加快收敛速度和找到局部最优解，但同时也可能增加陷入局部最优解的风险。

为了平衡探索和开发的能力，通常采用线性递减策略或自适应调整策略来动态改变惯性权重。线性递减策略从一个较大的初始值开始，在迭代过程中逐步减小惯性权重。例如，惯性权重可以从 0.9 逐渐减小到 0.4，使得算法在初期进行广泛搜索，后期逐步聚焦到最优解附近。自适应调整策略则根据优化过程中的反馈信息动态调整惯性权重，确保在不同阶段采取合适的搜索行为。

（4）个体认知系数（cognitive coefficient or personal learning coefficient，c_1）

个体认知系数[8]通常用符号 c_1 表示。该系数决定了个体粒子在更新其速度和位置时，自身历史最优位置的影响力度。简而言之，个体认知系数帮助粒子记住它在搜索空间中经历过的最佳位置，并将这个信息用作确定未来搜索方向的一个重要依据。每个粒子都有一个速度，该速度由三部分组成：前一速度的惯性、指向个人历史最优位置的自我认知部分和指向全局最优或邻域最优位置的社会认知部分。c_1 直接控制了粒子速度中自我认知部分的大小，即粒子根据自己的经验调整移动速度的能力。当 c_1 值较大时，粒子在搜索过程中更倾向于考虑自己过去找到的最优解，这增强了算法的局部搜索能力，使得粒子能够深入探索其已知的潜在优秀区域。然而，该系数的大小需要慎重选择。如果 c_1 过大，粒子可能会过分集中在自身的历史最优解上，从而忽略来自其他粒子的有价值信息，这可能导致算法过早地收敛到局部最优解，而无法找到全局最优解。相反，如果 c_1 过小，粒子可能不足以利用自己的历史信息，导致搜索方向主要由社会认知部分决定，这可能会降低算法的局部细致搜索能力。因此，c_1 的设定通常需要通过实验和算法调优来确定，以确保算法能够在全局探索和局部利用之间取得良好的平衡，从而有效地解决优化问题。

（5）社会认知系数（social coefficient or global learning coefficient，c_2）

在粒子群优化算法中社会认知系数通常表示为 c_2，是另一个关键参数，它衡量了粒子在速度更新过程中全局最优解或邻域最优解的吸引力。该参数的作用是引导粒子向整个群体已知的最优解方向移动，从而增强算法的全局搜索能力。社会认知系数 c_2 较高时，粒子更可能朝群体的最佳经验位置移动，有助于从较广的视角探索潜在的解决方案空间。然而，太高的社会认知系数可能导致粒子忽视个体历史信息，从而过早聚集并可能陷入全局最优解之外的局部最优解。因此，合理设置 c_2 对于确保粒子群优化算法在维持群体多样性和促进信息共享方面的平衡至关重要，使算法能有效避免局部最优解，同时提高寻找全局最优解的可能性。

（6）速度限制（velocity limits）

速度限制被广泛应用于粒子群优化算法的许多变体中，以防止粒子在解空间外搜索[9]。速度限制参数起着至关重要的作用，主要用于控制每个粒子在解空间中的移动速度。粒子的速度决定了其位置的更新幅度，即每一次迭代粒子位置的变化距离。设置速度限制是为了防止粒子在搜索过程中速度过快，导致越过潜在的优化解，尤其是在目标函数的解空间可能非常崎岖的情况下，过快的速度会使得粒子无法细致地探索周围区域，从而错失最优解。适当的速度限制有助于提高算法的稳定性和收敛性，因为它阻止了粒子在解空间中进行极端或者突然的移动，有助于算法更加平稳地收敛到全局最优解或局部最优解。速度限制通常设定为解空间各维度的速度的一定比例，以确保粒子在每一维度上的移动都是受限的。

此参数的设定通常依赖于具体问题的特性和解空间的大小，过小的速度限制可能使得算法探索过于缓慢，增加收敛到优化解的迭代次数；而过高的速度限制则可能导致算法在解空间中的搜索表现为随机跳跃，难以精确定位到最优解。因此，在实际应用粒子群优化算法时，调整和设定合理的速度限制对于优化性能和提高结果质量是非常关键的。

6.3.2 算法的整体思路

算法的整体思路[10]如下。

① 初始化粒子群：设置群体规模 N、每个粒子的位置 x_i 和速度 v_i，随机初始化每个粒子的位置和速度。

② 计算适应度值：对每个粒子 i，计算其适应度值 fit(i)。

③ 更新个体最优值：对每个粒子 i，比较其适应度值 fit(i)与个体极值 pBest(i)。如果 fit(i)小于 pBest(i)，则将 fit(i)替换为 pBest(i)。

④ 更新全局最优值：对每个粒子 i，比较其适应度值 fit(i)与全局极值 gBest。如果 fit(i)小于 gBest，则将 fit(i)替换为 gBest。

⑤ 更新粒子的速度和位置：对每个粒子 i，根据速度和位置更新规则，更新速度 v_i 和位置 x_i。

⑥ 边界条件处理：确保更新后的位置 x_i 在可行范围内。

⑦ 判断终止条件：检查是否满足算法的终止条件，若满足，则结束算法并输出优化结果；否则返回步骤②。

算法流程图如图 6.1 所示。

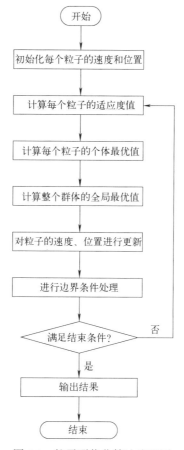

图 6.1　粒子群优化算法流程图

6.4 实例推导与仿真

例 6.1 路径规划问题。假设给定一个起始点和一个目标点，通过设定一组圆形障碍物的位置信息，找到一条从起始点到目标点的最优路径，并且避开障碍物。起始点坐标为(0,0)，目标点坐标为(1.5,8.9)，障碍物的位置信息为 xobs=[1.5，4.0，1.2]，yobs=[6.5，3.0，1.5]，robs=[1.5，1.0，0.8]，目标是找到一条最优路径，得出最优距离。

仿真过程如下。

① 初始化参数：设置种群规模为 81，迭代次数为 200，权重系数 w=0.9，学习因子（个体认知系数、社会认知系数）$c1=2$、$c2=2$，每个粒子维度为 5，速度最大值为 1。

② 适应度计算：计算每个粒子的适应度值，即从起始点到目标点的距离，考虑了是否与障碍物相交的情况。

③ 更新个体和全局最优适应度：根据适应度值更新每个粒子的个体最优适应度和全局最优适应度值。

④ 速度更新：根据个体和全局最优位置，更新粒子的速度。

⑤ 位置更新：根据更新后的速度，更新粒子的位置。

⑥ 历史最优结果记录：记录每次迭代中的最优适应度值和对应的位置。

⑦ 终止条件判断：判断算法是否满足终止条件，如果满足则结束算法，否则继续迭代。

⑧ 结果输出：输出最优路径和适应度变化曲线。

优化后的路径和适应度变化曲线如图 6.2 和图 6.3 所示。

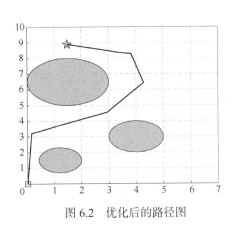

图 6.2　优化后的路径图

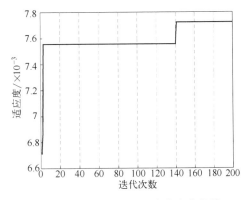

图 6.3　优化后的适应度变化曲线

具体的 Matlab 代码如下：

```matlab
%%% 清空环境
clear;
clc;
close all;
xs=0;          ys=0;          %起始点
xt=1.5;        yt=8.9;        %目标点
xobs=[1.5,4.0,1.2];          %障碍物（圆）
yobs=[6.5,3.0,1.5];
robs=[1.5,1.0,0.8];
possize =81;                %种群大小
gendai =200;                %迭代次数
w =0.9;                     %权重系数
c1= 2; c2 =2;               %学习因子
dim = 5;                    %每个粒子的维度
vmax = 1;                   %速度最大值
lim = [0,6,0,10];           %空间范围限制
[posx,posy] = initpos(possize,dim,lim,xobs,yobs,robs,xs,ys,xt,yt);%初始化粒子群
[ vx ,vy ] = initv(possize,dim,vmax); %初始化速度
pbest =zeros(possize,1);     %每个粒子的个体最优适应度
pidx =zeros(possize,dim);    %每个粒子对应的位置 x 方向
pidy =zeros(possize,dim);    %每个粒子对应的位置 y 方向

maxgbest = zeros(1);        %整个过程中的全局最优适应度
maxpgdx = zeros(1,dim);     %整个过程全局最优位置 x 方向
maxpgdy = zeros(1,dim);     %整个过程全局最优位置 y 方向
maxfitvalueall = [];        %每次迭代的最优适应度值

for item = 1:gendai
    [ posxx,posyy ] = addallgen( posx,posy,xs,ys,xt,yt); %将起始点和目标点加入
    [collision] = iscollison( posxx,posyy,xobs,yobs,robs);%检测粒子是否与障碍物
相交
```

```
    [fitvalue] = fitvalue_cal( posxx,posyy,collision);%适应度计算
    [pbest,pidx,pidy,gbest,pgdx,pgdy ] = fit_cmp(posx,...
        posy,fitvalue,pbest,pidx,pidy); %个体最优适应度和全局最优适应度更新
    [vx,vy] = updatev( vx,vy,w,posx,posy,pidx,pidy,...
        pgdx,pgdy,c1,c2);                     %速度更新
    [posx,posy] = updatepos( posx,posy,vx,vy);   %位置更新
    if (maxgbest<gbest)                       %判断是否优于历史最优结果
        maxgbest = gbest;                     %保存历史最优适应度
        maxpgdx = pgdx;                       %保存历史最优位置 x 方向
        maxpgdy = pgdy;                       %保存历史最优位置 y 方向
    end
    maxfitvalueall = [maxfitvalueall,maxgbest];   %每次迭代中的最优适应度
    w = w-(w-0.3)/gendai;                     %权重最优
end
theta=linspace(0,2*pi,100);                   %绘图 x 坐标
figure(1);                                    %绘图句柄
for k=1:numel(xobs)                           %循环绘制障碍物
fill(xobs(k)+robs(k)*cos(theta),yobs(k)...
    +robs(k)*sin(theta),[0.5 0.7 0.8]);
hold on;
end
plot(xs,ys,'bs','MarkerSize',12,'MarkerFaceColor','y'); %绘制起始点
plot(xt,yt,'kp','MarkerSize',16,'MarkerFaceColor','g'); %绘制目标点
plot([xs maxpgdx xt],[ys maxpgdy yt])         %绘制最优路径
axis([0,7,0,10])                              %设置坐标轴
title('粒子群优化算法-路径规划');grid on;        %设置标题，添加网格
figure(2);
plot(maxfitvalueall);                         %绘制适应度变化曲线
title('适应度变化曲线'); grid on;               %设置标题，添加网格
xlabel('迭代次数  '); ylabel('适应度')          %添加轴名称
disp(['最优距离：',num2str(1/(maxgbest*10))])
%函数调用部分代码
```

```
function [ genx ,geny ] = initpos(possize,dim,lim,xobs,yobs,robs,xs,ys,xt,yt)
%initpos ():初始化个体。possize:粒子群大小
% xobs，yobs，robs 为障碍物圆心坐标值和半径
% dim 为每个粒子的维度
%lim:范围[xmin,xmax,ymin,ymax]
%genx,geny：初始化粒子群的横、纵坐标值，genx 和 geny 分别代表粒子群在
二维空间中的 x 坐标值、y 坐标值，每一行代表一个粒子的位置
genx = zeros(possize,dim);          %初始化粒子群 x 坐标值
geny = zeros(possize,dim);          %初始化粒子群 y 坐标值
for tt = 1:possize                  %随机获取粒子群
  genxx1 = lim(1) + (lim(2) –lim(1))*rand(1,dim);
  genyy1 = lim(3) + (lim(4) –lim(3))*rand(1,dim);
  while(1)                          %循环生成粒子
     if (iscollison([xs,genxx1,xt],[ys,genyy1,yt],xobs,yobs,robs)~=0)
        break;
     end       %如果随机生成的粒子路径与障碍物相交，则重新生成
     genxx1 = lim(1) + (lim(2) –lim(1))*rand(1,dim);
     genyy1 = lim(3) + (lim(4) –lim(3))*rand(1,dim);
  end
  genx(tt,:) = genxx1;              %保存粒子 x 坐标值
  geny(tt,:) = genyy1;              %保存粒子 y 坐标值
end
end
function [ vx ,vy ] = initv(possize,dim,vmax)
%initv():初始化速度。dim:每个粒子的维度
%possize:粒子群大小。vmax  速度限制
%vx,vy：初始化粒子群速度，其中，vx 存储所有粒子在 x 方向上的速度，vy
存储所有粒子在 y 方向上的速度
vx = vmax*rand(possize,dim);     %粒子群在 x 方向上的速度
vy = vmax*rand(possize,dim);     %粒子群在 y 方向上的速度
end
function [ genxx,genyy ] = addallgen( genx,geny,xs,ys,xt,yt)
```

```matlab
% addallgen()：将起始点和目标点存入粒子群
% genx,geny 为粒子群的横、纵坐标集合
% xs,ys,xt,yt 分别为起始点和目标点的坐标值
% genxx,genyy：返回包含起始点和目标点的坐标
    [sizex,sizey] = size(genx);        %获取粒子群维度
    genxx = zeros(sizex,sizey+2);      %初始化
    genxx(:,1) = ones(sizex,1)*xs;     %加入起始点的 x 坐标值
    genxx(:,end) = ones(sizex,1)*xt;   %加入目标点的 x 坐标值
    genxx(:,2:end-1)=genx;             %将原始点加入
    genyy = zeros(sizex,sizey+2);      %初始化
    genyy(:,1) = ones(sizex,1)*ys;     %加入起始点的 y 坐标值
    genyy(:,end) = ones(sizex,1)*yt;   %加入目标点的 y 坐标值
    genyy(:,2:end-1)=geny;             %将原始点加入
end
function [ output ] = iscollison( genxx,genyy,xobs,yobs,robs)
```

% iscollison()：判断粒子是否与障碍物碰撞。Xs,ys,xt,yt 为起始点和目标点的坐标值

% genx,geny 为粒子群的横、纵坐标集合。xobs，yobs，robs 为障碍物圆心坐标值和半径

% output：返回一个 gensize × 1 的数组，output(i)为 0.1 发生碰撞，output(i)为 0 不碰撞

```matlab
            [sizex,sizey] = size(genxx);    %获取粒子维度
            output = 0.1*ones(sizex,1);     %初始化
            for i = 1:sizex                 % 循环每个个体
                for j = 1:sizey-1           % 循环每条路径的分段
                    if (output(i)==0)
                        break;
                    end
                    for t=1:length(xobs) %判断粒子与每个障碍物是否相交
                    % 定义路径的边缘的匿名函数
                    fcoll = @(x,y)((x-xobs(t)).^2+(y-yobs(t)).^2-robs(t).^2);
                    % 采样取点数目
```

```matlab
            item = 20;
            % 采样 x
            xx = linspace(genxx(i,j), genxx(i,j+1), item);
            % 采样 y
            yy = linspace(genyy(i,j), genyy(i,j+1), item);
            % 初始化
            collision = 'no';
            for index = 1:item %  循环
                if(fcoll(xx(index),yy(index)) <= 0) %  产生碰撞
                    collision = 'yes'; %  赋值结果
                    break;
                end
            end
            if (strcmp(collision, 'yes'))
                    output(i) = 0; %  相交则赋值为 0
                    break;
            end
        end
    end
end
end
function [ output ] = fitvalue_cal( genxx,genyy,collision)
% fitvalue_cal()：适应度计算
% genxx,genyy：分别为粒子群在 x 方向和在 y 方向的坐标值。collision：判断
粒子是否与障碍物碰撞
% 适应度计算：定义为 1/distance*collision
% output：返回适应度
    [sizex,sizey] = size(genxx);            %粒子群维度
    dis = zeros(sizex,1);                   %初始化距离
    for i = 1:sizex                         %循环每个粒子
        for j=1:sizey−1                     %循环每段路径
            dis(i)=dis(i)+sqrt((genxx(i,j+1) −genxx(i,j)).^2....
```

```
                +(genyy(i,j+1)-genyy(i,j)).^2); %累加计算路径
        end
    end
    output = ones(sizex,1)./dis.*collision; %计算适应度
end
function [ pbest,pidx,pidy,gbest,pgdx,pgdy ] = fit_cmp(posx,posy,fitvalue,pbest,pidx,pidy)
% fit_cmp()：更新适应度
% pos：当前位置。                    fitvalue：当前适应度
% pbest：每个粒子的个体最优适应度。pidx，pidy：每个粒子对应的位置坐标值
% gbest：全局最优适应度。        pgdx，pgdy：全局最优位置坐标值
    [max1,index1] = max(fitvalue); %适应度最大值
    gbest = max1;                   %最优适应度
     pgdx = posx(index1,:);         %最优粒子的 x 坐标值
     pgdy = posy(index1,:);         %最优粒子的 y 坐标值
     for i = 1:size(posx,1)         %循环每个粒子
         if (fitvalue(i)>pbest(i))  %找到个体最优适应度
             pidx(i,:) = posx(i,:);  %覆盖历史最优位置 x 坐标值
             pidy(i,:) = posy(i,:);  %覆盖历史最优位置 y 坐标值
             pbest(i) = fitvalue(i); %更新个体最优适应度
         end
     end
end
function [ newvx,newvy ] = updatev( vx,vy,w,posx,posy,pidx,pidy,pgdx,pgdy,c1,c2)
    % updatev ()：更新粒子速度
    % posx,posy：位置。vx,vy：速度
    % w：权重。c1,c2：学习因子
    % pidx,pidy,pgdx,pgdy：个体最优和全局最优位置
    pgdxx = zeros(size(vx));    %初始化速度 x 坐标值
    pgdyy = zeros(size(vx));    %初始化速度 y 坐标值
    %为了矩阵运算，将全局最优粒子和适应度进行广播
    for j = 1:size(vx,1)
        pgdxx(j,:) = pgdx;
```

               pgdyy(j,:) = pgdy;

    end

%%%%%%%   速度更新   %%%%%%%

newvx = w*vx+c1*rand(1)*(pidx−posx)+c2*rand(1)*(pgdxx−posx);

newvy = w*vy+c1*rand(1)*(pidy−posy)+c2*rand(1)*(pgdyy−posy);

end

function [posx,posy] = updatepos(posx,posy,vx,vy)

% updatepos()：对粒子的位置更新

% posx,posy：位置。vx,vy：速度

posx = posx+vx;   %更新 x 方向位置

posy = posy+vy;   %更新 y 方向位置

end

例 6.2　经典的旅行商问题。在 TSP 中，给定一组城市和每对城市之间的距离，目标是找到一条从起点城市出发，经过每个城市且仅经过一次，最终回到起点城市的最短路径。这个问题属于 NP 难问题，对大规模实例难以在合理时间内求解出最优解。本例以 10 个城市为例。

具体的解题思路如下。

① 设置城市位置，在坐标范围为[0，10]内随机生成 10 个城市的坐标。城市的坐标为

city =[0.0000，0.0000；5.2100，8.8500；

       4.8900，7.9600；6.2400，0.9900；

       6.7900，2.6200；3.9600，3.3500；

       3.6700，6.8000；9.8800，1.3700；

       0.3800，7.2100；2.3200，9.1300]；

② 计算并存储每对城市之间的欧几里得距离。

③ 初始化参数，设置粒子群优化算法的参数，迭代次数为 2000，粒子数目为 81，粒子维度等于城市数目减一，然后初始化位置和速度，设置权重 w=0.9。

④ 进行多次粒子迭代，计算适应度值，更新个体最优和全局最优，更新速度、位置以及权重，保留最优粒子。

⑤ 计算最优路径长度。找到最优路径，计算最短路径。

⑥ 绘制最优路径和适应度变化曲线。得到最终最优路径如图 6.4。

⑦ 适应度变化曲线如图 6.5。

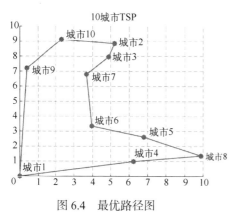

图 6.4　最优路径图

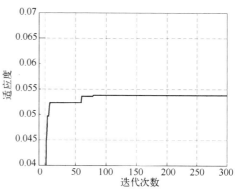

图 6.5　适应度变化曲线

Matlab 源程序如下：

```
city =[0.0000,0.0000; 5.2100,8.8500;        %[0,10]范围内的随机城市
        4.8900,7.9600; 6.2400,0.9900;
        6.7900,2.6200; 3.9600,3.3500;
        3.6700,6.8000; 9.8800,1.3700;
        0.3800,7.2100; 2.3200,9.1300];
citynum = size(city,1);                      %城市数量
dist_city = zeros(citynum,citynum);          %初始化城市距离
for i = 1:citynum                            %计算城市之间的距离
    for j = 1:citynum
        link = (city(j,1) –city(i,1)).^2+(city(j,2) –city(i,2)).^2;
        dist_city(i,j)=sqrt(link);
    end
end
padai = 2000;                                %迭代次数
pasize = 81;                                 %粒子数目
padim = citynum–1;                           %维度
pos = initpos( pasize,padim );               %初始化位置
v = initv( pasize,padim );                   %初始化速度
pbest =zeros(pasize,1);                      %单个粒子个体最优适应度
pid =zeros(size(pos));                       %单个粒子对应的位置
w = 0.9;                                     %权重
```

```
maxgbest = zeros(1);                         %整个过程中全局最优适应度
maxpgd = zeros(1,size(pos,2));               %整个过程全局最优位置
maxfitvalueall = [];                         %每次迭代中的最优适应度
for item = 1:padai                %迭代
    fitvalue = fit_cal(pos,dist_city);       %适应度计算
    %%%%%%%   更新个体最优适应度和全局最优适应度    %%%%%%%
    [ pbest,pid,gbest,pgd ] = fit_cmp(pos,fitvalue,pbest,pid);
    v = updatev( v,w,pos,pid,pgd);           %更新速度
    pos = updatepos( pos,v );                %更新位置
    w = w- (w-0.01)/padai;                   %更新权重
    maxfitvalueall =[maxfitvalueall,maxgbest];
     if (gbest>maxgbest)              %保留最优粒子
          maxgbest = gbest;          %最优适应度
          maxpgd = pgd;                 %最优粒子
      end
end
[fin_fit,max_fit_index] =max(fitvalue);
lu_bin = pos(max_fit_index,:); %适应度最大的路径
if (maxgbest>fin_fit)                 %最优粒子
    lu_bin = pgd;
end
%%%%%%%    计算最短路径              %%%%%%%
min_distance = 0;
    for j = 1:length(lu_bin) -1
        min_distance =min_distance +dist_city(lu_bin(1,j),lu_bin(1,j+1));
    end
min_distance = min_distance+dist_city(1,lu_bin(1,1))+...
    dist_city(lu_bin(1,end),1);
disp(strcat('最短距离为：',num2str(min_distance))) %输出最短距离
%%%%%%%   将首末位置加入绘图     %%%%%%%
dit_lu = zeros(citynum+1,2);
dit_lu(1,:) =city(1,:);
```

```matlab
dit_lu(end,:) =city(1,:);
for i =2: citynum
    dit_lu(i,:) = city(lu_bin(i-1),:);
end
figure(1);
hold on;grid on;                        %保持图像，开启网格
plot(city(:,1),city(:,2),'r*','linewidth',5);    %绘制城市
plot(dit_lu(:,1),dit_lu(:,2),'linewidth',2);     %绘制最优路径
title('10 城市 TSP');                    %标题
for i =1:citynum                        %添加城市名
    text(city(i,1)+0.1,city(i,2),strcat('城市',num2str(i)));
end
figure(2);
plot(maxfitvalueall);                   %绘制
grid on; xlabel('迭代次数');            %开启网格
ylabel('适应度');
title('适应度变化曲线');                %标题
xlim([-10,300]);
ylim([0.04,0.07]);
%%此部分为调用函数部分
function [ pos ] = initpos( pasize,padim )
% initpos()：初始化粒子群
% pasize：粒子群大小。padim：维度
pos =zeros(pasize,padim);               %初始化
    for i = 1:pasize
        t = 2:padim+1;                  %生成初始访问
        ranorder = randperm(padim);     %乱序排列
        pos(i,:)=t(ranorder);           %生成粒子
    end
end
function [ v ] = initv( pasize,padim )
% initv()：初始化速度
```

```
% pasize：粒子群大小。padim：维度
%每行两两元素为一个交换子
v =floor(1+(padim-1)*rand(pasize,(padim-1)*2));
end
function [ fitvalue ] = fit_cal(pos,dist_city)
% fit_cal()：适应度计算
% pos：粒子群位置。dist_city:城市距离
% fitvalue = 2/distance;
[sizex,sizey] = size(pos);                    %获取粒子群维度
newgen = ones(sizex,sizey+2);                 %初始化
newgen(:,2:end-1)=pos;                        %加入首尾城市
fitvalue = zeros(sizex,1);                    %初始化适应度
     for i = 1:sizex                          %循环计算每一个粒子的适应度
         dist = 0;
         for j = 1:size(newgen,2) -1      %迭代计算距离
              dist =dist +dist_city(newgen(i,j),newgen(i,j+1));
         end
         fitvalue(i) = dist;                  %保存距离值
    end
fitvalue = 2*ones(size(fitvalue))./fitvalue;%计算适应度
end
function [ pbest,pid,gbest,pgd ] = fit_cmp(pos,fitvalue,pbest,pid)
% fit_cmp（）：更新个体最优适应度和全局最优适应度
% pos：当前位置。fitvalue：当前适应度
% pbest：单个粒子个体最优适应度。pid：单个粒子对应的位置
% gbest：全局最优适应度。pgd：全局最优位置
[max1,index1] = max(fitvalue);     %找到最优适应度
gbest = max1;                      %最优适应度
pgd = pos(index1,:);               %全局最优位置
     for i = 1:size(pos,1)         %循环
         if(fitvalue(i)>pbest(i))  %找到最优适应度
```

```
                pid(i,:) = pos(i,:);          %个体最优位置
                pbest(i) = fitvalue(i);       %最优适应度
            end
        end
end
function [ newv ] = updatev( v,w,pos,pid,pgd)
% updatev()：对粒子的速度更新
% pos：粒子群位置。      v：速度。    w：权重
%pid：个体最优位置    pgd：全局最优位置
[posx,posy] = size(pos);          %获取维度
v1=[];v2=[];v3=[];                %定义三个分量
v22=zeros(posx,(posy-1)*2);       %初始化
v33=zeros(posx,(posy-1)*2);
% r1= round(1);r2=round(1);
r1= 0.7;r2=0.7;                   %学习因子
for i = 1:posx                    %计算当前位置与最优位置的差
    v22(i,:) = find_jhz(pid(i,:),pos(i,:));
    v33(i,:) = find_jhz(pgd,pos(i,:));
end
for i = 1:posx                    %循环计算三个分量
    v1 = [v1;fiel(v(i,:),w)];
    v2 = [v2;fiel(v22(i,:),r1)];
    v3 = [v3;fiel(v33(i,:),r2)];
end
    newv = [v1,v2,v3 ];           %合并三个分量，更新速度
end
function [ jhz ] = find_jhz(pbest,x)
%find_jhz()：寻求基本交换子。x→pbest（从当前位置 x 向个体历史最优位置
pbest 更新）
% jhz：计算得到的交换子
len = length(pbest);       %获取长度
jhz = ones((len-1)*2,1);   %初始化交换子
```

```
    for i =1:len-1                %循环计算
        index = find(x == pbest(i));
        if i~=index                %是否需要交换
            jhz(2*i-1) = i;
            jhz(2*i) = index;
            tt = x(index);          %交换两个位置值
            x(index) =x(i);
            x(i) = tt;
        end
    end
end
function [ newv ] = fiel(v , r)
%fiel(): 筛选前 r 个交换子，r 为筛选比例
% v, newv:筛选前后的速度
index = length(v)/2;    %获取交换子个数
len = round(index*r); %计算筛选个数
newv = v(1:2*len);       %保留前 len 个
end
function [ pos ] = updatepos( pos,v )
% updatepos():对粒子的位置更新
% pos：位置。       v：速度
[vx,vy] = size(v);        %粒子群维度
    for i = 1:vx                %循环每个粒子
        for j =1:vy/2         %对每个交换子运算
            tt = pos(i,v(i,2*j-1));
            pos(i,v(i,2*j-1)) = pos(i,v(i,2*j));
            pos(i,v(i,2*j))=tt;    %更新位置
        end
    end
end
```

例 6.3　求解函数 $y=11\sin(x)+7\cos(5*x)$ 在[-3,3]内的最大值。

按下述步骤实现代码。

（1）参数设置

种群个数	3	惯性权重	0.5
最大迭代次数	100	个体学习因子	1.5
速度限制	[-10,10]	群体学习因子	1.5
x 的取值范围	[-3，3]		

（2）初始化

（2.1）初始位置

x1=-2.8565   x2=0.4496   x3=-2.7208

（2.2）初始速度

v1=0.4225   v2=0.4677   v3=0.0226

（2.3）个体适应度值

f(-2.8565)=11*sin(-2.8565)+7*cos(5*(-2.8565))= -4.1080

f(0.4496)=11*sin(0.4496)+7*cos(5*0.4496)=0.3944

f(-2.7208)=11*sin(-2.7208)+7*cos(5*(-2.7208))= -0.9353

（2.4）个体最优位置 p_best=x

x1=-2.8565   x2=0.4496   x3=-2.7208

（2.5）个体最优适应度

f(-2.8565)=11*sin(-2.8565)+7*cos(5*(-2.8565))= -4.1080

f(0.4496)=11*sin(0.4496)+7*cos(5*0.4496)=0.3944

f(-2.7208)=11*sin(-2.7208)+7*cos(5*(-2.7208))= -0.9353

（2.6）全局最优适应度和位置

0.3944＞-0.9353＞-4.1080，粒子 2 为全局最优，0.3944

g_best=0.4496

（3）第一代迭代

（3.1）更新速度和位置

v=w*v+c1*rand(n_particles,1)*(p_best-x)+c2*rand(n_particles,1)*(g_best-x)

v1=2.0303   v2=0.2339   v3=0.7312

x=x+v

x1=-0.8262   x2=0.6835   x3=-1.9896

（3.2）计算新的适应度值

f(-0.8262)=11*sin(-0.8262)+7*cos(5*(-0.8262))= -11.9322

f(0.6835)=0.2107

f(-1.9896)= -16.1126

（3.3）更新新的个体最优位置和适应度值

x1: –11.9322＜–4.1080，个体最优位置 x1=–2.8565 f(–2.8565)= –4.1080

x2: 0.2107＜0.3944，个体最优位置 x2=0.4496 f(0.4496)= 0.3944

x3: –16.1126＜–0.9353，个体最优位置 x3=–2.7208 f(–2.7208)= –0.9353

（3.4）更新全局最优位置

max(–4.1080,0.3944, –0.9353)=0.3944

全局最优位置为 0.4496

（4）第二代迭代

（4.1）更新速度和位置

v=w*v+c1*rand(n_particles,1)*(p_best–x)+c2*rand(n_particles,1)*(g_best–x)

v1=2.0600 v2=–0.1769 v3=0.1.6977

x=x+v

x1=1.2337 x2=0.5066 x3=–0.2919

（4.2）计算新的适应度值

f(1.2337)=11*sin(1.2337)+7*cos(5*1.2337)=17.3350

f(0.5066)= –0.4057

f(–0.2919)= –2.3876

（4.3）更新新的个体最优位置和适应度值

x1: –4.1080＜17.335，个体最优位置 x1=1.2337 f(1.2337)=17.3350

x1: –0.4057＜0.3944，个体最优位置 x2=0.4496 f(0.4496)=0.3944

x3: –2.3876＜–0.9353，个体最优位置 x3=–2.7208 f(–2.7208)= –0.9353

（4.4）更新全局最优位置

max(17.3350,0.3944, –0.9353)=17.3350

全局最优位置为 1.2337

按照以上步骤依次迭代下去。

参考文献

［1］ KENNEDY J，EBERHART R. Particle swarm optimization［C］//Proceedings of ICNN'95-international conference on neural networks. IEEE，1995，4：1942-1948.

［2］ SHI Y，LIU H，GAO L，et al. Cellular particle swarm optimization［J］. Information Sciences，2011，181（20）：

4460-4493.

［3］ HOUSSEIN E H，GAD A G，HUSSAIN K，et al. Major advances in particle swarm optimization: theory，analysis，

and application［J］. Swarm and Evolutionary Computation，2021，63：100868.

［4］ GAD A G. Particle swarm optimization algorithm and its applications：a systematic review［J］. Archives of

Computational Methods in Engineering，2022，29（5）：2531-2561.

［5］ NICKABADI A，EBADZADEH M M，SAFABAKHSH R. A novel particle swarm optimization algorithm with

adaptive inertia weight［J］. Applied Soft Computing，2011，11（4）：3658-3670.

［6］ TRAN B，XUE B，ZHANG M. Variable-length particle swarm optimization for feature selection on high-dimensional

classification［J］. IEEE Transactions on Evolutionary Computation，2018，23（3）：473-487.

［7］ 孙波，陈卫东，席裕庚. 基于粒子群优化算法的移动机器人全局路径规划［J］. 控制与决策，2005（9）：1052-

1055，1060.

［8］ HARRISON K R，ENGELBRECHT A P，OMBUKI-BERMAN B M. Optimal parameter regions and the time-

dependence of control parameter values for the particle swarm optimization algorithm［J］. Swarm and Evolutionary

Computation，2018，41：20-35.

［9］ LI X，MAO K，LIN F，et al. Particle swarm optimization with state-based adaptive velocity limit strategy［J］.

Neurocomputing，2021，447：64-79.

［10］ 常大亮，史海波，刘昶. 具有紧时、高能耗特征的混合流水车间多目标调度优化问题［J］. 中国机械工程，

2024，35（7）：1269-1278.

第 7 章
帝国竞争算法

7.1 引言

帝国竞争算法（imperialist competetive algorithm，ICA）最初由 Atashpaz-Gargari 和 Lucas[1]于 2007 年在基于人口数量最优化算法的著作中提出。该优化算法是一种属于社会启发的智能计算方法。在算法中，每一个个体都被定义为一个国家，同时，所有的国家被分类为两类，即帝国主义国家和殖民地。帝国主义国家为最初时人口数量最有优势的国家，而剩下的国家即为殖民地。在该算法的反复使用过程中，帝国之间相互竞争以获得尽可能多的殖民地为目的。更有力量的帝国有更高的可能性去占领更多的殖民地，而力量薄弱的帝国将逐渐失去殖民地。当所有的殖民地都被一个帝国占有时，该算法即为结束。

7.2 帝国竞争算法理论

7.2.1 帝国竞争算法的主要过程

如果一个帝国失去强大的势力，其他国家将占有它。在 ICA 中，由被称为国家的个体来模拟这个过程[2]。

帝国竞争算法的基本思想是：同其他进化算法相似，ICA 开始于一组被定义为国家的个体，所有的国家被分为两类：帝国主义国家和殖民地。最初比较强大的国家作为帝国主义国家，其他国家作为殖民地。根据每个国家的势力将殖民地分配给不同的帝国主义国家。帝国主义国家与其包含的殖民地被称为一个帝国。帝国之间通过竞争以获得更多的殖民地为目的，势力更大的帝国有较大的可能性占有最弱的殖民地，势力薄弱的帝国将逐渐失去其殖民地，当所有殖民地全部被一个帝国占有时，该算法结束。

帝国竞争算法具有简单、准确、省时等优点，是一种十分有效率且易于使用的优化算法，该优化算法节省内存，寻优时间短，并且能够迅速地在搜索空间里收敛到最优解[3]。Atashpaz-Gargari 对 ICA 进行数学模拟，把这一现象作为解决优化问题的强大工具。

7.2.2　帝国竞争算法的优化过程

第一步是形成帝国。帝国竞争算法首先通过随机方法生成初始国家，每个国家代表所求问题的一个解。这些国家依据势力大小（求解质量）分为帝国主义国家和殖民地两个类别。势力较大的前若干国家成为帝国主义国家。然后按照帝国主义国家势力大小依次将剩余国家作为殖民地分配给帝国主义国家，势力越大的帝国主义国家所分配的殖民地越多。帝国主义国家与其拥有的殖民地统称为帝国。

第二步是同化与革命。在帝国形成后，必然伴随着殖民地的经济、文化、语言等属性趋向于所属帝国主义国家，这一过程被称为同化。同化的目的在于提升所有求解质量的同时，能够增加帝国主义国家对殖民地的影响[4]。殖民地趋向帝国主义国家的过程总是有一定偏移，极端情况下甚至会出现反向偏移，即殖民地革命。如果殖民地在同化与革命过程中势力超过了所属帝国主义国家，则此时殖民地将取代帝国主义国家建立新的帝国。

最后一步是帝国竞争。帝国之间存在着竞争，帝国间势力的此消彼长使得弱小帝国的殖民地会被强大帝国剥夺，直至弱小帝国消失。同时，在竞争过程中会不断出现新的帝国。经过数代的同化、革命、竞争后，理想情况下只会留存一个帝国，且所有国家都为该帝国的成员。帝国竞争算法正是通过这样一系列的进化操作，最终找到全局范围内的最优解。

7.3　帝国竞争算法流程

帝国竞争算法类似于其他的进化算法，ICA 开始于一系列种群的问题。种群中每一个个体被称为一个国家，它们都由一个实序列或向量来表示。把所有的国家分成两部分：帝国主义国家和殖民地。所有国家通过计算每一个国家的目标函数值来衡量每一个国家的势力。将最初势力比较强大的国家作为帝国主义国家,殖民地即为剩余的国家。根据每个国家的势力将殖民地分配给不同的帝国主义国家。这样由帝国主义国家和其包含的殖民地组成一个帝国。每一个帝国的势力都由帝国主义国家势力和殖民地势力共同组成。一个帝国的总势力等于帝国主义国家的势力加上一定比例的该帝国所包含的殖民地的平均势力。当把所有的殖民地分配给帝国主义国家后,殖民地开始向其所属的帝国主义国家靠近,即在搜索空间内,殖民地向帝国主义国家的位置移动,它们的移动方式在后面会介绍。在这之后,为了获得更大的势力,每个帝国都试图占有其他帝国的国家,通过占有其他帝国的殖民地来增强自身的势力。任何一个帝国如果在这场竞争中不能获胜,不能增强自己的势力,必将在竞争中被淘汰。帝国竞争过程中,强大的帝国势力越来越大,相反,较弱的帝国势力逐渐降低。因此,较弱的帝国将失去其殖民地,势力变弱,最终走向灭亡。在帝国竞争中,殖民地只向其所属的帝国主义国家移动。这种占有机制最终只保存下来一个帝国,其余的国家都是这个帝国的殖民地。在这种理想的世界里,每一个殖民地都具有相同的位置和势力。帝国竞争算法流程如图 7.1 所示。

在 ICA 中,每一个国家代表一个特定的优化问题的优化结果。每一个国家都由一个实数数组或向量来表示。对于一个 N_{var} 维优化问题,该数组定义如下:

$$Country = [p_1, p_2, \cdots, p_{N_{var}}]$$

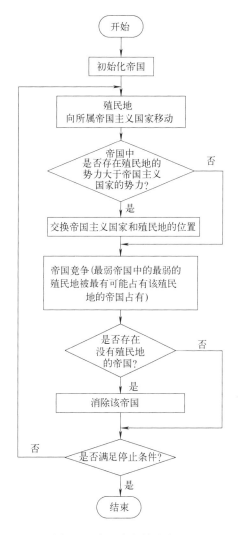

图 7.1　帝国竞争算法流程

一个国家的势力大小需要通过计算一定的目标函数来得到，变量为 $\left[p_1, p_2, \cdots, p_{N_{var}}\right]$，即为

$$\text{Cost} = f(\text{Country}) = f\left(\left[p_1, p_2, \cdots, p_{N_{var}}\right]\right)$$

7.3.1　ICA 算法的初始化

最初，在搜索空间里产生随机数量为 N_{pop} 的初始国家。然后，将势力最强的 N_{imp} 个国家选为帝国主义国家，殖民地则由剩下的 N_{col} 个国家组成，这些殖民地属于帝国主义国家。

$$N_{pop} = N_{imp} + N_{col}$$

为了形成最初的帝国，依据各个帝国主义国家的势力情况来决定分配给它的殖民地的数量。最初，一个帝国主义国家拥有的殖民地的数量直接与其势力大小相关。为了按照比例将殖民地分配给帝国主义国家，定义帝国主义国家的相对代价函数值为：

$$C_n = c_n - \max(c_i), \quad i = 1, 2, \cdots, N_{imp}$$

式中，c_n 为第 n 个帝国主义国家的代价函数值。计算出所有帝国主义国家的代价函数值后，第 n 个帝国主义国家的势力大小定义为：

$$P_n = \left| \frac{C_n}{\sum_{i=1}^{N_{imp}} C_i} \right|$$

最初决定分配给帝国主义国家的殖民地的数量依赖于帝国主义国家的势力。因此，最初的殖民地分配方法为[5]：

$$N_{C_n} = \text{round}(P_n N_{col})$$

式中，N_{C_n} 为第 n 个帝国主义国家拥有的殖民地的数量。N_{col} 为殖民地的总数量。N_{C_n} 个殖民地被随机选为第 n 个帝国主义国家的殖民地。这些殖民地和该帝国主义国家共同组成第 n 个帝国。从殖民地分配的规则里可以看出，势力越大的帝国主义国家拥有的殖民地的数量越多，同时，势力越小的帝国主义国家拥有的殖民地

数量就越少。图 7.2 所示为帝国的初始化情况。从该图中可以看出，帝国主义国家
1 最有势力而且拥有最多的殖民地。

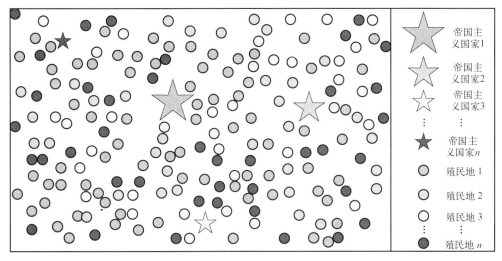

图 7.2　初始化帝国

7.3.2　殖民地向所属帝国主义国家移动

当帝国形成后，每个帝国中的帝国主义国家试图去增加其殖民地的数量。在
ICA 中，殖民地沿着指向其所属帝国主义国家的方向靠近帝国主义国家。移动过程
如图 7.3 所示。殖民地移动的距离为 x。x 服从区间（0，βd）的均匀分布。

$$x \sim U(0, \beta d)$$

式中，d 是殖民地与帝国主义国家之间的距离；β 是一个大于 1 的数。$\beta > 1$
会使殖民地从两个方向向其所属的帝国主义国家移动。

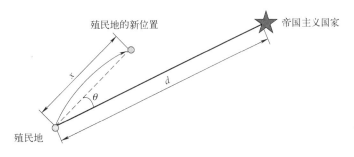

图 7.3　殖民地向其所属帝国主义国家的移动

为了从不同的方向靠近帝国主义国家，引入一个随机的角度 θ 来作为殖民地相

对帝国主义国家的移动的方向。

$$\theta \sim U(-\gamma, \gamma)$$

式中，θ 和 γ 的值是任意的。我们将 θ 设置为 2，Atashpaz-Gargari 建议选用 $\dfrac{\pi}{4}$

为 γ 的值，从而增强帝国达到全局最优的收敛性。

7.3.3 改变帝国主义国家和殖民地的位置

一个殖民地移动到一个新的位置，它的势力可能会比其所属的帝国主义国家的势力大。在这种情况下，交换殖民地与帝国主义国家的位置。之后，这一殖民地就作为新的帝国主义国家参与竞争。图 7.4 所示为帝国主义国家与殖民地交换位置前的状态以及帝国主义国家与殖民地交换位置后的状态。

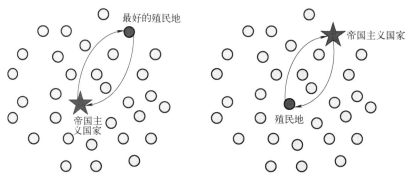

图 7.4　帝国主义国家与殖民地交换位置过程

7.3.4 计算帝国的总势力

一个帝国的总势力包括两部分。一部分为帝国主义国家的势力，另一部分为它拥有的殖民地的势力。在这两部分中，帝国主义国家的势力对总势力有更大的影响。因此，一个帝国的总势力定义如下：

$$T_{C_n} = c_n + \xi \frac{\sum\limits_{i=1}^{N_{C_n}} w_i}{N_{C_n}}, \ i = 1, 2, \cdots, N_{C_n}$$

式中，T_{C_n} 为第 n 个帝国的总代价函数值；w_i 为帝国的殖民地的代价函数值；

ξ 是一个正实数，且是一个小于 1 的数。将 ξ 的值选为 0.1 到 0.5 之间的值可以满足大多数情况。

7.3.5　帝国的竞争

竞争过程发生在帝国之间，因为每一个帝国都试图占有其他帝国的殖民地并且控制它们。竞争使得强大的帝国更加强大，弱小的帝国更加弱小。在 ICA 中，最弱帝国中的最弱的一个殖民地将被其他帝国通过竞争占有。这种方法如图 7.5 所示。在竞争中，每一个帝国都有可能占有最弱的国家。这种可能性的大小由下式定义得到[6]。

$$P_{P_n} = \left| \frac{N_{TC_n}}{\sum_{i=1}^{N_{\text{imp}}} N_{TC_i}} \right|$$

式中，P_{P_n} 为势力为 P_n 的帝国主义国家所属帝国的势力；N_{imp} 为帝国主义国家的数量；N_{TC_n} 为第 n 个帝国的相对代价函数值，定义如下：

$$N_{TC_n} = T_{C_n} - \max_i(T_{C_i}), \ i = 1, 2, \cdots, N_{\text{imp}}$$

为了对以上所述的帝国中的殖民地分类，我们引入向量 $\boldsymbol{P}$：

$$\boldsymbol{P} = [P_{P_1}, P_{P_2}, \cdots, P_{P_n}]$$

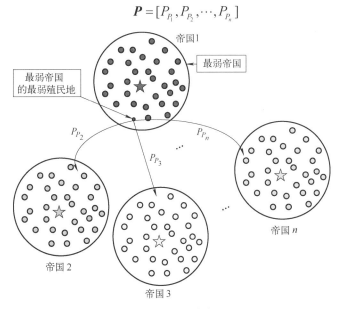

图 7.5　帝国竞争

向量 **R** 是与向量 **P** 相同规格的向量，用于进一步的决策过程，以确定帝国之间的竞争结果。

$$\mathbf{R} = [r_1, r_2, \cdots, r_{N_{imp}}], \ r_i \sim U(0,1)$$

向量 **D** 由以下方程得到：

$$\mathbf{D} = \mathbf{P} - \mathbf{R}$$

向量 **D** 用来决定哪个帝国占领最弱殖民地，在向量 **D** 中最大的元素对应的帝国将会占有最弱的殖民地。

7.3.6　弱势帝国的灭亡

在帝国竞争中，失去势力的帝国将会灭亡，而且它拥有的殖民地将被其他帝国瓜分。在建模的破坏机制中，可以定义不同的规则使得一个帝国失去势力。在文献中，假定当一个帝国失去了其所有的殖民地时视为该帝国灭亡。

7.3.7　总结

总之，除了势力最强的帝国以外的所有帝国都将灭亡，所有的殖民地都将属于那个最强的唯一的帝国。在理想状态下，所有的殖民地和帝国主义国家将收敛到同一个位置，具有相同的代价函数值。在这种情况下，竞争结束，该算法终止。

7.4　实例推导与仿真

例 7.1　ICA 模拟。以 10 个帝国为例模拟帝国竞争的过程。

仿真过程如下。

① 初始化参数。初始化帝国数量为 10，最大迭代次数 numIterations=100。

② 初始化帝国，随机初始化帝国位置和初始人口。

③ 计算竞争帝国之间的距离。

④ 计算帝国之间的竞争强度。

⑤ 强大帝国征服弱小帝国，更新征服后的帝国位置和人口。

⑥ 判断是否满足终止条件，若满足，则结束搜索过程，输出优化值；若不满足，则继续进行迭代优化。

Matlab 源程序如下：

clc；

```matlab
clear;

% 初始化参数
numEmpires=10;%帝国数量
numIterations=100;%迭代次数
% 生成随机帝国
empires =struct();
for i = 1:numEmpires
    empires(i).position = rand(1,2);%帝国位置(二维)
    empires(i).population=randi([1,10]);%帝国人口
end
% 迭代优化
for iter = 1:numIterations% 更新帝国之间的竞争关系
    for i = 1:numEmpires
        for j= 1:numEmpires
            if i ~= j% 排除自我竞争
                % 计算当前帝国 i 和帝国 j 之间的距离
                distance = norm(empires(i).position-empires(j).position);
                % 计算帝国之间的竞争强度
                strength =empires(j).population /(distance^2 + eps);
                % 如果帝国 i 的人口比帝国 j 多, 则帝国 j 被征服, 更新
帝国位置和人口
                if empires(i).population >empires(j).population
                    empires(j).position=empires(i).position;
                    empires(j).population =empires(i).population;
                else %否则, 帝国 i 被征服, 更新帝国位置和人口
                    empires(i).position =empires(j).position;
                    empires(i).population =empires(j).population;
                end
            end
        end
    end
```

```
% 显示当前迭代的结果
fprintf('Iteration %d:\n', iter);
for i = 1:numEmpires
fprintf('empire %d: Position (%f, %f), Population %d\n', i, empires(i).position(1),
empires(i).position(2),empires(i).population);
end
fprintf('\n');
end
```

例 7.2 帝国竞争算法求解旅行商问题（TSP）[7]。假设有一个旅行商人出差要经过 31 个城市，他需要选择要走的路径，路径的限制是每个城市只能拜访一次，而且最后要回到原来出发的城市。路径的选择要求是:所选路径的路程为所有路径的路程之中的最小值。这 31 个城市的坐标是[1304，2312；3639，1315；4177，2244；3712，1399；3488，1535；3326，1556；3238，1229；4196，1044；4312，790；4386，570；3007，1970；2562，1756；2788，1491；2381，1676；1332，695；3715，1678；3918，2179；4061，2370；3780，2212；3676，2578；4029，2838；4263，2931；3429，1908；3507，2376；3394，2643；3439，3201；2935，3240；3140，3550；2545，2357；2778，2826；2370，2975]。

推导如下。

参数设定（见表 7.1）。

表 7.1   参数设定

参数名称	数值
帝国主义国家数 numEmpires	10
殖民地数 zhimindi	90
总国家数 Number	100
最大迭代次数 numIterations	100

计算城市之间的距离矩阵。

首先通过所给的城市的坐标，计算每对城市之间的距离。对于每对城市 i 和 j，计算它们之间的欧几里得距离。$D(i, j)$ 表示城市 i 与 j 之间的距离，计算公式如下:

$$D(1,2) = \sqrt{(C(i,1) - C(j,1))^2 + (C(i,2) - C(j,2))^2}$$

C 矩阵为城市坐标矩阵（示例部分不全部展示）:

$$C = \begin{bmatrix} 1304 & 2312 \\ 3639 & 1315 \\ 4177 & 2244 \\ \vdots & \vdots \\ 2370 & 2975 \end{bmatrix}$$

例如，对于城市 1 和城市 2 之间的距离 $D(1,2)$ 为（结果保留一位小数）：

$$D(1,2) = \sqrt{(1304 - 3639)^2 + (2312 - 1315)^2} \approx 2538.9$$

按照上述公式将其他城市之间的距离进行逐一计算，最终能够得到一个大小为 31×31 的对称矩阵 D。

初始化帝国主义国家与殖民地的路径：完成距离矩阵的计算后，会随机生成每个帝国主义国家和殖民地的路径。假设生成的第一代中第一个帝国主义国家的路径为 $[1,4,2,5,3,\cdots,31]$，表示第一个帝国主义国家按照此排列顺序拜访这些城市。

殖民地的路径也与帝国主义国家路径生成方式相同，假设第一个殖民地的路径为：$[2,1,5,3,4,\cdots,31]$。

计算每个帝国主义国家和殖民地的路径总距离：每个帝国主义国家和殖民地的路径总距离 $L(i)$ 是该路径上相邻城市之间的距离之和，包括从最后一个城市回到城市起点的距离。对于路径 R，总距离 $L(i)$ 计算如下：

$$L(i) = \sum_{j=1}^{n=1} D(R(j), R(j+1)) + D(R(1), R(n))$$

计算前文提到的的第一个帝国主义国家的路径 $R = [1,4,2,5,3,...,31]$，总距离为：

$$L(1) = D(1,4) + D(4,2) + D(2,5) + \cdots + D(31,1)$$

其中：

$$D(1,4) = 2000, D(4,2) = 2500, D(2,5) = 1800, \cdots, D(31,1) = 2100$$

则帝国主义国家 1 的路径总长度为：

$$L(1) = 2000 + 2500 + 1800 + \cdots + 2100 = 12000$$

同样地，殖民地 1 的路径总长度可以按照相同的方法计算，为 $L(91) = 11800$。按上述步骤计算每个帝国主义国家和殖民地的总路径。

殖民地演化：在第一代中，所有的帝国主义国家和殖民地的路径是随机生成的。接着，帝国主义国家将根据路径长度（即总距离）来评估殖民地的适应度。殖民地在随后的演化过程中会逐步向其所属帝国主义国家靠拢，尝试优化自身路径，并有机会取代帝国主义国家成为新的帝国中心。

经上文计算帝国主义国家 1 的路径长度为：$L(1)=12000$；殖民地 1 的路径长度：$L(91)=11800$。假设帝国主义国家 2 的路径长度：$L(2)=15000$。

帝国主义国家 1 会选择路径长度最短的殖民地 1 来进行路径的交换和更新。

殖民地向帝国主义国家靠拢：在这一阶段，殖民地将根据与帝国主义国家路径之间的距离差异来调整自己的路径。本例中殖民地 1 的路径是 $[2,1,5,3,4,\cdots,31]$，它会尝试调整路径，使得路径尽量接近帝国主义国家 1 的路径 $[1,4,2,5,3,\cdots,31]$。选择路径中的若干城市与帝国主义国家路径中的城市交换位置，或使用类似 2-opt 算法来局部优化路径。

帝国之间的竞争：在每一代中，帝国之间会竞争，路径最短的帝国会吞并路径较长的帝国的殖民地。由上文可知，帝国 1 的路径长度为 12000，而帝国 2 的路径长度为 15000，那么帝国 1 可能会占领帝国 2 的部分殖民地。

帝国之间的竞争通过"相对势力"来实现。对于每个帝国 i，其适应度 $C_n(i)$ 可以通过其路径长度来计算：

$$C_n(i)=\frac{1}{L(i)}$$

本例中得出帝国 1 的适应度为 $\frac{1}{12000}$，帝国 2 的适应度为 $\frac{1}{15000}$，因此帝国 1 会占领帝国 2 的殖民地。

然后，最强的帝国会按照一定的占有概率 $P_n(i)$ 来占有最弱帝国的殖民地：

$$P_n(i)=\frac{C_n(i)}{\sum\limits_{i=1}^{\text{numEmpires}} C_n(i)}$$

通过这种竞争，最短路径的帝国将获得更多的殖民地，并优化路径。

消灭没有殖民地的帝国：如果某个帝国的路径没有任何改进（即没有殖民地），它将被消灭，并且它的殖民地会被其他帝国接管。最强的帝国会吞并这些弱帝国的殖民地，形成新的路径。

在本例中，帝国 2 对应的路径没有改进，最终其殖民地被其他帝国接管。

记录最佳路径：第一代结束时，记录当前迭代中的最佳路径（即最短路径）。经计算得出第 1 代的最佳路径长度为 L_best(1)=11000，那么将这一长度保存为最短路径，继续迭代。在此例子的第一代的演化过程完成后，将得到的新种群作为第二代，继续下一循环。直到符合例子所要求的终止条件时，停止循环并输出得到的最优结果。

求解思路如下。

① 初始化参数。初始化国家数 100 个，其中帝国主义国家 10 个，殖民地 90 个；最大迭代次数 numIterations=100。

② 初始化帝国，选择帝国的帝国主义国家和殖民地。

③ 计算每个帝国中国家的最短距离，如帝国中有殖民地强于帝国主义国家，则交换帝国主义国家与该殖民地。

④ 殖民地向帝国主义国家靠拢。

⑤ 帝国之间竞争，最强的帝国占有最弱帝国的最弱殖民地。

⑥ 消灭没有殖民地的帝国。

⑦ 判断是否满足终止条件，若满足，则结束搜索过程，输出优化值；若不满足，则继续进行迭代优化。

优化后的路径和适应度进化曲线如图 7.6 所示。

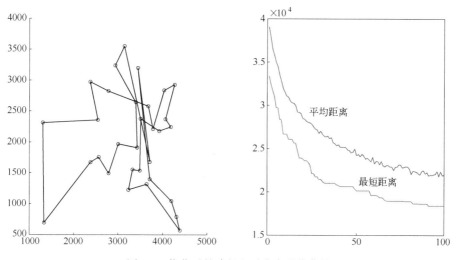

图 7.6　优化后的路径和适应度进化曲线

Matlab 源程序如下：

```
%%% 初始化参数
clear all;
close all;
clc;
C=[1304,2312;3639,1315;4177,2244;3712,1399;3488,1535;3326,1556;...
    3238,1229;4196,1044;4312,790;4386,570;3007,1970;2562,1756;...
    2788,1491;2381,1676;1332,695;3715,1678;3918,2179;4061, 2370;...
```

3780,2212;3676,2578;4029,2838;4263,2931;3429,1908;3507,2376;...

3394,2643;3439,3201;2935,3240;3140,3550;2545,2357;2778,2826;...

2370,2975]; %31 个城市坐标，31×2 的矩阵

% 初始化参数

numEmpires=10;%帝国主义国家数量

zhimingdi=90;%殖民地数量

Number=numEmpires+zhimingdi;%国家总数量

numIterations=100;%选代次数

%%% 第一步：变量初始化

n=size(C,1);　　%n 表示问题的规模（城市个数）

D=zeros(n,n); %D 表示完全图的赋权邻接矩阵

for i=1:n

　　for j=1:n

　　　　if i~=j

　　　　　　D(i,j)=((C(i,1)-C(j,1))^2+(C(i,2)-C(j,2))^2)^0.5;

　　　　else

　　　　　　D(i,j)=eps; %i=j 时不计算，应该为 0，但后面的启发因子要取倒

数，用 eps（浮点相对精度）表示

　　　　end

　　　　D(j,i)=D(i,j);　%对称矩阵

　　end

end

%%% 帝国主义国家及殖民地初始化

empires=zeros(numEmpires+zhimingdi,n);

for i=1:numEmpires+zhimingdi

　　empires(i,:)=randperm(n);

end

%%% 距离计算

　　L=zeros(Number,1);　　　　　　　%开始距离为 0，Number×1 的列向量

for i=1:Number

　　R=empires(i,:);

　　for j=1:(n−1)

    L(i)=L(i)+D(R(j),R(j+1));   %原距离加上第 j 个城市到第 j+1 个城
市的距离

   end

   L(i)=L(i)+D(R(1),R(n)); %一轮下来后走过的距离

  end

 %% 帝国形成

  empires_population=zeros(numEmpires, Number+2);

  guo=1:Number;

  for i=1:numEmpires

   empires_population(i,2)=10;

   empires_population(i,3:12)=guo(i*10−9:i*10);%帝国

   minL=min(L(i*10−9:i*10));   %最优距离取最小

   pos=find(L(i*10−9:i*10)==minL);%帝国中最优

   empires_population(i,1)=pos+i*10−10;%帝国编号

  end

 iter=1;

 R_best=zeros(numIterations,n); %每次迭代中的最优路径

 L_best=inf.*ones(numIterations,1); %每次迭代中的最优路径的长度

 L_ave=zeros(numIterations,1); %每次迭代中的路径的平均长度

 while iter<=numIterations   %停止条件之一：达到最大迭代次数，停止

  %% 帝国主义国家与殖民地交换

  for i=1:numEmpires

   Pnumber=empires_population(:,2);

   empires_N=empires_population(i,2);%帝国数量

   empires_pop=empires_population(i,3:empires_N+2);

   minL=min(L(empires_pop));%最优距离取最小

   pos=find(L(empires_pop)==minL);%帝国中最优

   pos=pos(1);

   if empires_population(i,1)~=empires_pop(pos);%帝国编号

    empires_population(i,1)=empires_pop(pos);%更换帝国编号

   end

  end

```
%%% 移动
for i=1:numEmpires
    empires_N=empires_population(i,2);%帝国数量
    empires_pop=empires_population(i,3:empires_N+2);
    for j=1:empires_N
        if empires_pop(j)~=empires_population(i,1)
            empires(empires_pop(j),:)=empires(empires_population(i,1),:);
            weizhi=randperm(n,2);
            zhongjianbianl=empires(empires_pop(j),weizhi(1));
            empires(empires_pop(j),weizhi(1))= empires(empires_pop(j),
weizhi(2));
            empires(empires_pop(j),weizhi(2))=zhongjianbianl;
        end
    end
end
if numEmpires>1
%%% 竞争
L=zeros(Number,1);              %开始距离为 0，Number × 1 的列向量
for i=1:Number
    R=empires(i,:);
    for j=1:(n-1)
        L(i)=L(i)+D(R(j),R(j+1));        %原距离加上第 j 个城市到第 j+1 个
城市的距离
    end
    L(i)=L(i)+D(R(1),R(n)); %一轮下来后走过的距离
end
empires_DG=empires_population(1:numEmpires,1);%帝国
cn=zeros(1,numEmpires);%帝国主义国家的代价函数值
Cn=zeros(1,numEmpires);%帝国主义国家的相对代价函数值
Pn=zeros(1,numEmpires);%帝国主义国家的势力
TCn=zeros(1,numEmpires);%帝国总势力
NTCn=zeros(1,numEmpires);%帝国的相对代价函数值
```

```
Ppn=zeros(1,numEmpires);%占有概率
cn=L(empires_DG);
for i=1:numEmpires
      Cn(i)=cn(i) −max(cn);
end
for i=1:numEmpires
      Pn(i)=abs(Cn(i)./sum(Cn(i)));
end
for i=1:numEmpires
      empires_N=empires_population(i,2);%帝国数量
      empires_pop=empires_population(i,3:empires_N+2);
      kkk=find(empires_pop==empires(i,1));
      empires_pop(kkk)=[];
      TCn(i)=cn(i)+0.4*(sum(L(empires_pop))./(empires_N−1));
end
for i=1:numEmpires
      NTCn(i)=TCn(i) −max(TCn);
end
for i=1:numEmpires
      Ppn(i)=abs(NTCn(i)./sum(NTCn));
end
Rr=rand(1,numEmpires);
Dd=Ppn−Rr;
zuiqiang=find(Dd==max(Dd));
zuiruo=find(Dd==min(Dd));


empires_n=empires_population(zuiruo,2);
empires_pop=empires_population(zuiruo,3:empires_n+2);
maxL=max(L(empires_pop));%最优距离取最小
pos=find(L(empires_pop)==maxL);%帝国中最优
pos=pos(1);
if empires_pop(pos)==empires_population(zuiruo,1)
```

```
        L(empires_pop(pos))=1;
        maxL=max(L(empires_pop));%最优距离取最小
        pos=find(L(empires_pop)==maxL);%帝国中最优
    end
%最强帝国占有最弱帝国的最弱殖民地
empires_N=empires_population(zuiqiang,2);
empires_population(zuiqiang,empires_N+3)=empires_pop(pos);
empires_population(zuiqiang,2)=empires_N+1;


empires_population(zuiruo,2)=empires_n-1;
empires_population(zuiruo,pos+2)=empires_population(zuiruo,empires_n+2);
empires_population(zuiruo,empires_n+2)=0;
%% 消灭无殖民地帝国
M=find(empires_population(:,2)==1);%寻找无殖民地帝国
if isempty(M)~=1
    %将无殖民地帝国纳入最强帝国
    empires_N=empires_population(zuiqiang,2);
    empires_population(zuiqiang,empires_N+3)=empires_population(M,1);
    empires_population(zuiqiang,2)=empires_N+1;
    %消灭无殖民地帝国
    empires_population(M,:)=empires_population(numEmpires,:);
    empires_population(numEmpires,:)=0;
    numEmpires=numEmpires-1;
end
end
%%记录本次迭代最优路径
L=zeros(Number,1);            %开始距离为 0，Number×1 的列向量
for i=1:Number
    R=empires(i,:);
    for j=1:(n-1)
        L(i)=L(i)+D(R(j),R(j+1)); %原距离加上第 j 个城市到第 j+1 个城
市的距离
```

```
            end
            L(i)=L(i)+D(R(1),R(n)); %一轮下来后走过的距离
        end
        L_best(iter)=min(L);            %最优距离取最小
        pos=find(L==L_best(iter));
        R_best(iter,:)=empires(pos(1),:);    %此轮迭代后的最优路径
        L_ave(iter)=mean(L);                %此轮迭代后的平均距离
        iter=iter+1;                        %迭代继续
end
%%输出结果
Pos=find(L_best==min(L_best)); %找到最优路径（非 0 为真）
disp(min(L_best));
Shortest_Route=R_best(Pos(1),:); %最大迭代次数后的最优路径
Shortest_Length=L_best(Pos(1)); %最大迭代次数后的最短距离
subplot(1,2,1);                    %绘制第一个子图形

N=length(R);
scatter(C(:,1),C(:,2));
hold on;
plot([C(R(1),1),C(R(N),1)],[C(R(1),2),C(R(N),2)],'g');
hold on;
for ii=2:N
    plot([C(R(ii-1),1),C(R(ii),1)],[C(R(ii-1),2),C(R(ii),2)],'g');
    hold on;
end
title('旅行商问题优化结果 ','FontSize',15);

subplot(1,2,2);                    %绘制第二个子图形

plot(L_best);
hold on ;                          %保持图形
plot(L_ave,'r');
```

title('平均距离和最短距离','FontSize',15) ;   %标题

参考文献

［1］ Atashpaz-Gargari E，Lucas C. Imperialist competitive algorithm：an algorithm for optimization inspired by imperialistic competition［C］//2007 IEEE Congress on Evolutionary Computation. IEEE，2007:4661-4667.

［2］ GAO K Z，CAO Z G，ZHANG L Z，et al. A review on swarm intelligence and evolutionary algorithms for solving flexible job shop scheduling problems［J］. IEEE/CAA Journal of Automatica Sinica，2019，6（4）: 904-916.

［3］ 秘向伟. 帝国主义竞争法的改进与应用［D］. 秦皇岛：燕山大学，2014.

［4］ SHABANI H，VAHIDI B，EBRAHIMPOUR M. A robust PID controller based on imperialist competitive algorithm for load-frequency control of power systems［J］. ISA Transactions，2013，52（1）: 88-95.

［5］ 蔡延光，王世豪，戚远航，等. 帝国竞争算法求解 CVRP［J］. 计算机应用研究，2021，38（3）: 782-786.

［6］ 陈志楚，李聪，张超勇. 基于帝国主义竞争法的切削参数优化［J］. 制造业自动化，2012，34（24）: 10-15.

［7］ 张鑫龙，陈秀万，肖汉，等. 一种求解旅行商问题的新型帝国竞争算法［J］. 控制与决策，2016，31（4）: 586-592.

第 8 章
多目标进化优化

8.1 引言

多目标进化优化是一种重要的优化方法,旨在解决涉及多个冲突目标的复杂问题。其核心思想是通过模拟自然进化过程中的遗传机制和适应性改变,寻找问题的Pareto(帕累托)最优解集合,即无法再改进一个目标而不损害其他目标的解集。多目标进化优化算法常基于遗传算法、粒子群优化算法等算法,通过迭代演化产生一组接近最优解的解集[1]。

在工程设计、资源分配、金融投资等领域,多目标进化优化都具有广泛的应用[2]。例如,在工程设计中,可以利用该方法平衡产品性能、成本和制造难度之间的关系;在资源分配领域,可用于优化生产调度、交通流量控制等问题;在金融投资领域,可帮助投资者在风险和收益之间找到平衡点,构建最优投资组合。

多目标进化优化作为一种强大的优化技术,为解决现实世界中的复杂多目标问题提供了有效的解决方案,具有重要的理论和实践意义。

8.2 多目标进化优化基础

8.2.1 多目标优化问题

多目标优化问题是指在一个优化任务中存在多个相互矛盾的目标函数,旨在找到一组解集，使得在不损坏任何一个目标的前提下，无法再改进其他目标。这种问题在实际应用中非常常见，涉及多个决策变量和多个评价指标。多目标优化问题的解决方法主要集中在寻找所谓的 Pareto 最优解集合，其中，Pareto 最优解指的是没有任何一个目标能够被改进而不损害其他目标的解。这意味着 Pareto 最优解集合中的每一个解都是无法被改进的最优解[3]。

为了找到 Pareto 最优解集合，常使用进化算法作为解决工具，如遗传算法、粒子群优化算法等。这些算法通过模拟自然界中的进化过程或通过选择、交叉和变异等操作，逐步改进候选解的适应度。进化算法的特点在于能够同时处理多个目标函数，并从候选解的种群中生成一组接近 Pareto 最优解集合的解[4]。

多目标优化是解决涉及多个相互冲突目标的复杂问题的重要领域，通过进化算法等方法，寻找 Pareto 最优解集合，为实际决策提供多样化的解决方案。

8.2.2　多目标优化个体之间的关系

在多目标优化中，个体之间的关系是通过其在多维空间中的相对位置来描述的。这种相对位置反映了个体在多个目标函数上的性能表现，从而决定它们在 Pareto 最优解集合中的地位。个体之间的关系可以通过支配关系来确定。一个解被另一个解支配，意味着前者在至少一个目标上不如后者，而在其他目标上至少与后者相等[5]。如果一个解既不被另一个解支配，也不支配另一个解，则它们之间存在非支配关系。对于任意两个解 S_1 和 S_2。如果 S_1 的所有解都优于 S_2，则说明 S_1 优于 S_2。如果 S_1 中存在一个不被其他解支配的解，则表示 S_1 是一个非支配解。这些非支配解的集合就是 Pareto 最优解集合。

这种关系可以形成一个非支配排序的结构，将解按照其在多个目标上的性能进行排序。这样的排序能够帮助确定 Pareto 最优解集合，并且可以为进化算法等优化方法提供指导，使其在搜索过程中能够更有效地探索 Pareto 最优解空间[6]。除了支配关系外，个体之间还可以通过拥挤度来描述其在解空间中的分布密度。拥挤度描述了解之间的距离，通过维持解的多样性，有助于防止进化算法过早收敛到局部 Pareto 最优解集合。

多目标优化中个体之间的关系通过支配关系和拥挤度等概念来描述，这些概念帮助我们理解和分析 Pareto 最优解集合的结构，并指导优化算法更好地搜索多目标优化问题的解空间。

8.2.3　基于 Pareto 的多目标最优解集

基于 Pareto 的多目标最优解集是指在多目标优化问题中，通过 Pareto 最优解的概念来描述一组无法被改进的最优解的集合。Pareto 最优解集合中的每一个解都是在不损害其他目标的前提下，无法再改进的最优解。Pareto 最优解集合的形成依赖于 Pareto 支配关系，即一个解在所有目标上不劣于另一个解，且至少在一个目标上严格优于后者。因此，Pareto 最优解集合中的解之间不存在支配关系，它们之间都是非支配的[7]。这意味着 Pareto 最优解集合中的每一个解都代表了一种权衡取舍，无法再单独改进某一目标而不影响其他目标的性能。

Pareto 最优解集合在多目标优化问题中具有重要意义，它为决策者提供了一系列可供选择的解决方案，使其在不同的目标之间进行权衡和选择。同时，Pareto 最优解集合也为优化算法的搜索提供了目标，使其能够有效地探索和维护这一最优解集合。基于 Pareto 的多目标最优解集通过 Pareto 支配关系来描述一组无法被改进的最优解集合，为多目标优化问题的解决和决策提供了重要的理论基础和指导[8]。

8.3　基于 Pareto 的多目标优化算法一般框架

NSGA-Ⅱ[9]（non-dominated sorting genetic algorithm Ⅱ，非支配排序遗传算法 Ⅱ）是一种多目标优化算法，通过非支配排序和拥挤度来保持种群的多样性和收敛性。其基于遗传算法，采用快速非支配排序和拥挤度来选择适应度高且分布广泛的个体，实现高效的多目标优化搜索。NSGA-Ⅱ在解决具有多个相互矛盾目标的问题方面表现出色，被广泛应用于各种领域。

NSGA-Ⅱ 的流程如下。

① 随机产生规模为 P_t 的初始种群，然后进行选择、交叉和变异生成种群 Q_t；

② 将父代种群 P_t 与子代种群 Q_t 合并，进行快速非支配排序，同时对每个非支配层中的个体进行拥挤度计算，根据非支配关系以及个体的拥挤度选取合适的个体组成新的父代种群[10]，该过程具体如图 8.1 所示。

③ 通过遗传算法的基本操作产生新的子代种群，依此类推，直到满足程序结束的条件。

算法流程图如图 8.2 所示。

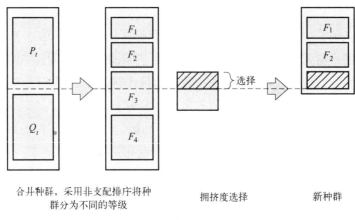

合并种群，采用非支配排序将种   拥挤度选择   新种群
群分为不同的等级

图 8.1   非支配排序和拥挤度选择过程

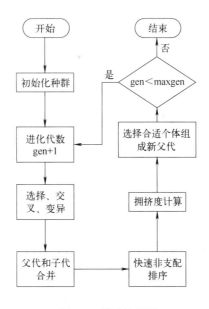

图 8.2   算法流程图

8.4   仿真案例

本章采用经典的 ZDT 基准问题来对 NSGA-Ⅱ算法进行具体应用。在此选取
ZDT1 问题，ZDT1 函数如下：

$$
\text{ZDT1}\begin{cases}
\min f_1(x_1) = x_1 \\
\min f_2(x) = g\left(1 - \sqrt{\dfrac{f_1}{g}}\right),\ 0 \leqslant x_i \leqslant 1,\ i = 1,\ 2,\ \cdots,\ m \\
g(x) = 1 + \dfrac{9\sum\limits_{i=2}^{m} x_i}{m-1}
\end{cases}
$$

求解思路如下。

① 首先，初始化参数。设置迭代次数 generations 为 100，种群大小 popnum 为 100，个体长度 poplength 为 30。

② 生成初始化种群 P_1，然后对种群 P_1 进行交叉和变异生成新种群 P_2，并计算目标函数值。

③ 合并这两代种群以形成新种群 P_3，对种群 P_3 进行非支配排序和拥挤度计算得到种群 P_4，将 P_4 作为初始种群重新进行迭代。

④ 重复迭代过程，直到满足条件停止，输出非支配解集。最终得到的 Pareto 最优解集合如图 8.3 所示。

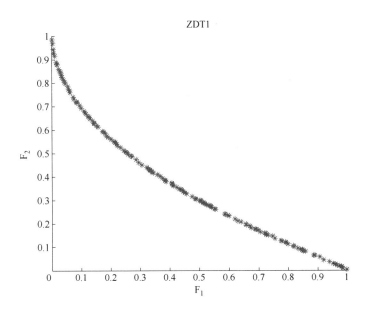

图 8.3　ZDT1 函数的 Pareto 最优解集合

具体的 Matlab 代码如下：

```
function NSGAII()
clc;format compact;tic;hold on;
%---初始化/参数设定
    generations=100;                                    %迭代次数
    popnum=100;                                         %种群大小(须为偶数)
    poplength=30;                                       %个体长度
    minvalue=repmat(zeros(1,poplength),popnum,1);       %个体最小值
    maxvalue=repmat(ones(1,poplength),popnum,1);        %个体最大值
    population=rand(popnum,poplength).*(maxvalue-minvalue)+minvalue;        %
产生新的初始种群
%---开始迭代进化
    for gene=1:generations                              %开始迭代
%-------交叉
        newpopulation=zeros(popnum,poplength);    %子代种群
        for i=1:popnum/2                            %交叉产生子代
            k=randperm(popnum); %从种群中随机选出两个父母,不采用锦标
赛方法
            beta=(-1).^round(rand(1,poplength)).*abs(randn(1,poplength))*1.481;
%采用正态分布交叉产生两个子代
            newpopulation(i*2-1,:)=(population(k(1),:)+population(k(2),:))/2+
beta.*(population(k(1),:)-population(k(2),:))./2;%产生第一个子代
            newpopulation(i*2,:)=(population(k(1),:)+population(k(2),:))/2-
beta.*(population(k(1),:)-population(k(2),:))./2;        %产生第二个子代
        end
%-------变异
        k=rand(size(newpopulation));        %随机选定要变异的基因位
        miu=rand(size(newpopulation));      %采用多项式变异
        temp=k<1/poplength & miu<0.5;       %要变异的基因位
        newpopulation(temp)=newpopulation(temp)+(maxvalue(temp)-minval-
ue(temp)).*((2.*miu(temp)+(1-2.*miu(temp)).*(1-(newpopulation(temp)-minvalue(te-
mp))./(maxvalue(temp)-minvalue(temp)))).^21).^(1/21)-1); %变异情况一 newpopulati-
```

on(temp)=newpopulation(temp)+(maxvalue(temp)−minvalue(temp)).*
(1−(2.*(1−miu(temp))+2.*(miu(temp)−0.5).*(1−(maxvalue(temp)−newpopulati-
on(temp))./(maxvalue(temp)−minvalue(temp))).^21).^(1/21));   %变异情况二
　　　%-------越界处理/种群合并
　　　　　newpopulation(newpopulation>maxvalue)=maxvalue(newpopulation
>maxvalue); %子代越上界处理
　　　　　newpopulation(newpopulation<minvalue)=minvalue(newpopulation<
minvalue); %子代越下界处理
　　　　　newpopulation=[population;newpopulation]; %合并父子种群
　　　%-------计算目标函数值
　　　　　functionvalue=zeros(size(newpopulation,1),2);%合并后种群的各目
标函数值,这里的问题是 ZDT1
　　　　　functionvalue(:,1)=newpopulation(:,1); %计算第一维目标函数值
　　　　　g=1+9*sum(newpopulation(:,2:poplength),2)./(poplength−1);
　　　　　functionvalue(:,2)=g.*(1− (newpopulation(:,1)./g).^0.5); %计算第二
维目标函数值
　　　%-------非支配排序
　　　　　fnum=0; %当前分配的前沿面编号
　　　　　cz=false(1,size(functionvalue,1)); %记录个体是否已被分配编号
　　　　　frontvalue=zeros(size(cz)); %每个个体的前沿面编号
　　　　　[functionvalue_sorted,newsite]=sortrows(functionvalue); %对种群按
第一维目标值大小进行排序
　　　　　while ~all(cz) %开始迭代判断每个个体的前沿面
　　　　　　fnum=fnum+1;
　　　　　　d=cz;
　　　　　　for i=1:size(functionvalue,1)
　　　　　　　if ~d(i)
　　　　　　　　for j=i+1:size(functionvalue,1)
　　　　　　　　　if ~d(j)
　　　　　　　　　　k=1;
　　　　　　　　　　for m=2:size(functionvalue,2)
　　　　　　　　　　　if functionvalue_sorted(i,m)>functionva-

lue_sorted(j,m)

```
                                     k=0;
                                     break；
                                 end
                             end
                         if k
                             d(j)=true;
                         end
                     end
                 end
             frontvalue(newsite(i))=fnum;
             cz(i)=true;
         end
     end
 end
```

%-------计算拥挤度/选出下一代个体

```
    fnum=0; %当前前沿面
    while numel(frontvalue,frontvalue<=fnum+1)<=popnum %判断前多少个
面的个体能完全放入下一代种群
        fnum=fnum+1;
    end
    newnum=numel(frontvalue,frontvalue<=fnum); %前 fnum 个面的个体
数量
    population(1:newnum,:)=newpopulation(frontvalue<=fnum,:);    %将前
fnum 个面的个体复制入下一代
    popu=find(frontvalue==fnum+1); %popu 记录第 fnum+1 个面上的个体
编号
    distancevalue=zeros(size(popu)); %popu 各个体的拥挤度
    fmax=max(functionvalue(popu,:),[],1); %popu 每维上的最大值
    fmin=min(functionvalue(popu,:),[],1); %popu 每维上的最小值
    for i=1:size(functionvalue,2) %分目标计算每个目标上 popu 各个体的
```

拥挤度

```
            [~,newsite]=sortrows(functionvalue(popu,i));
            distancevalue(newsite(1))=inf;
            distancevalue(newsite(end))=inf;
            for j=2:length(popu)−1
            distancevalue(newsite(j))=distancevalue(newsite(j))+(function-
value(popu(newsite(j+1)),i)−functionvalue(popu(newsite(j−1)),i))/(fmax(i)−fmin(i));
                end
            end
            popu=−sortrows(−[distancevalue;popu]')';  % 按 拥 挤 度 降 序 排 列 第
fnum+1 个面上的个体
            population(newnum+1:popnum,:)=newpopulation(popu(2,1:popnum−
newnum),:);   %将第 fnum+1 个面上拥挤度较大的前 popnum−newnum 个个体复制
入下一代
        end


    %---程序输出
    fprintf('已完成,耗时%4s 秒\n',num2str(toc)); %程序最终耗时
    output=sortrows(functionvalue(frontvalue==1,:)); %最终结果:种群中非支配
解的函数值
    plot(output(:,1),output(:,2),'*b');%作图
    axis([0,1,0,1]);xlabel('F_1');ylabel('F_2');title('ZDT1');
end
```

参考文献

［1］ 谢涛，陈火旺，康立山. 多目标优化的演化算法［J］. 计算机学报，2003（8）：997-1003.

［2］ WU Z Q，KWONG C K，AYDIN R，et al. A cooperative negotiation embedded NSGA-Ⅱ for solving an integrated product family and supply chain design problem with remanufacturing consideration［J］. Applied Soft Computing，2017，57：19-34.

［3］ 公茂果，焦李成，杨咚咚，等. 进化多目标优化算法研究［J］. 软件学报，2009，20（2）：271-289.

［4］马小姝，李宇龙，严浪. 传统多目标优化方法和多目标遗传算法的比较综述［J］. 电气传动自动化，2010，32（3）：48-50，53.

［5］NAMETALA C A L，SOUZA A M，PEREIRA JÚNIOR B R，et al. A simulator based on artificial neural networks and NSGA-Ⅱ for prediction and optimization of the grinding process of superalloys with high performance grinding wheels［J］. CIRP Journal of Manufacturing Science and Technology，2020，30：157-173.

［6］CHEN M T，LINKER R，WU C L，et al. Multi-objective optimization of rice irrigation modes using ACOP-Rice model and historical meteorological data［J］. Agricultural Water Management，2022，272：107823.

［7］WANG M，WANG J S，SONG H M，et al. Hybrid multi-objective Harris hawk optimization algorithm based on elite non-dominated sorting and grid index mechanism［J］. Advances in Engineering Software，2022，172：103218.

［8］肖晓伟，肖迪，林锦国，等. 多目标优化问题的研究概述［J］. 计算机应用研究，2011，28（3）：805-808，827.

［9］DEB K，PRATAP A，AGARWAL S，et al. A fast and elitist multiobjective genetic algorithm：NSGA-Ⅱ［J］. IEEE Transactions on Evolutionary Computation，2002，6（2）：182-197.

［10］王丽萍，任宇，邱启仓，等. 多目标进化算法性能评价指标研究综述［J］. 计算机学报，2021，44（8）：1590-1619.